图解1000MW
超超临界机组设备巡检

华电莱州发电有限公司　编

U0260693

中国电力出版社
CHINA ELECTRIC POWER PRESS

内 容 提 要

　　电厂运行人员的巡回检查是对设备的"健康查体","体检"质量取决于运行人员对系统的全面掌握程度。本书以1000MW超超临界机组设备巡检经验总结为基础，从机、炉、电三个方面共十六个章节以"图解"形式对1000MW超超临界机组主辅设备系统进行了全面系统的讲解，内容包含系统简介、日常巡检项目、常见故障及危险点、事故案例警示等多个方面。本书收录了丰富的现场设备照片，通过"图解"较大程度上"还原"和"再现"现场实际。

　　本书通俗易懂、实用性强，可作为面向1000MW超超临界机组运行人员及设备维护人员日常培训教材，也可作为电厂生产管理人员的参考用书。

图书在版编目（CIP）数据

　　图解1000MW超超临界机组设备巡检／华电莱州发电有限公司编 . —北京：中国电力出版社，2017.8

　　ISBN 978-7-5198-0572-2

　　Ⅰ . ①图… Ⅱ . ①华… Ⅲ . ①超临界机组—设备—巡回检测—图解 Ⅳ . ① TM621.3-64

　　中国版本图书馆 CIP 数据核字（2017）第 063292 号

出版发行：中国电力出版社
地　　址：北京市东城区北京站西街 19 号（邮政编码 100005）
网　　址：http://www.cepp.sgcc.com.cn
责任编辑：孙建英（010-63412369）
责任校对：马　宁
装帧设计：张俊霞　左　铭
责任印制：蔺义舟

印　　刷：北京博图彩色印刷有限公司
版　　次：2017 年 8 月第一版
印　　次：2017 年 8 月北京第一次印刷
开　　本：710 毫米 ×980 毫米　16 开本
印　　张：17
字　　数：232 千字
印　　数：0001—3000 册
定　　价：98.00 元

前　言

　　自华电莱州发电有限公司（简称莱州公司）一期工程机组投运以来，不断创新培训思路，拓宽培训阵地，提升青年员工业务技能水平，先后开展"青年夜校""青春微课堂""爱岗助教"等活动，以便实现新老员工技能、经验无缝衔接。

　　为此，莱州公司结合公司发展和人员特点，创新培训方式，历时10个月编写各专业培训教材。教材将现场实景清晰展示，全面分解，重点讲解，使之成为运行培训的有效工具，开创了国内火电运行培训教材的新形式。

　　本书采用"全彩"与"图解"完美结合，将整个机、炉、电进行全面、细致分解，较大程度上"还原"和"再现"现场实际，突出每一个重点和细节，通过绚丽多彩的图片让读者充分感知，将被动的学习变为主动的接收，充分调动大家的学习兴趣，进入全新的学习历程，提升青年员工业务技能水平。

　　汽轮机篇，主要由韩丽娜、王刚、邢立军编写，共4章，依次对汽轮机基本常识、运行巡回检查规定、设备概述及汽轮机设备检查要点做了详细说明，通俗易懂，突出岗位特色，注重现场实操与集控运行规程的相互结合。

　　锅炉篇，主要由张娟和魏道君编写，共6章，前5章依次对制粉系统、风烟系统、干除渣系统、锅炉燃烧系统及锅炉本体检查要点做了详细说明；第6章为锅炉设备操作，主要讲解设备定期工作操作，有一些图片在巡回检查章节中已进行了说明，本部分未重复编图。

　　电气篇，主要由张娟和邱立国编写，共6章，依次对发电机变压器组、厂用电系统、事故保安、直流及UPS系统、继电保护、安全自动装置以及变压器检查要点做了详细说明。

　　本书重在培养大家对设备运行状态和操作的熟知、掌握和理解，力求在最短时间内帮助大家入门，若有不足之处，望大家给予指正！

编者

2017年6月

目　录

锅炉篇

电气篇

汽轮机篇

第 1 章

汽轮机基本常识

1.1 水泵基本知识

泵共有三种形式：①叶片式：由装在主轴上的叶轮对流体做功并提高其能量。又分为离心式、轴流式、混流式三种。②容积式：利用工作室容积周期性的改变来输送液体。如柱塞泵、齿轮泵等。③射流式：利用能量较高的流体输送能量较低的流体。如注油器、射水抽气器等。

容积泵或轴流泵不允许在出口门关闭的情况下启动的原因：容积泵在出口门关闭时，只要电机转动，出口压力就要升高，电机的功率也随出口压力的升高而升高，会因为超压损坏泵体、管道设备或因过电流损坏设备。

对于轴流泵，在泵出口门关闭的情况下（流量为0），泵消耗的功率最大；随着出口流量的增加，泵消耗的功率逐渐减少，而电机的容量根据设计点的功率和一定的裕量选定的，所以轴流泵在出口门关闭的状态下启动电机会过载，泵因压力过高损坏。所以轴流泵启动时应先开启出口门再启动泵。

1.2 有关名词术语

1. 汽蚀

由于泵的叶轮入口处压力低于工作水温的饱和压力，所以会造成一部分液体汽化，汽化后的汽泡进入压力较高的区域时，由于压力增加突然凝结，于是四周的液体就向此处补充，造成水力冲击，这种现象称为汽蚀现象。这种连续的冲击负荷，会使材料的表面逐渐疲劳损坏，引起金属表面的剥蚀，进而出现蜂窝状蚀洞。水泵汽蚀会引起泵发生振动和噪声，同时汽蚀时汽泡堵塞叶轮槽道，使泵不能正常工作。

防止泵汽蚀的措施：①采用双吸叶轮；②增大叶轮的入口面积；③增大叶轮进口的边宽度；④叶轮首级采用抗汽蚀材料；⑤设前置诱导轮或前置泵；⑥正确选择吸入口高度；⑦减小入口阻力，入口管短而且直。

2．水锤

在压力管路中，由于液体流速的急剧变化，从而造成管路中流体压力显著、反复、迅速地变化，对管道有一种"锤击"的特征，这种现象称为水锤（或叫水击）。水锤有正水锤和负水锤之分。正水锤时，管道中的压力升高，可以超过管道中正常压力的几十倍至几百倍，以致管壁产生很大的应力，而压力的反复变化将引起管道和设备的振动，管道的应力交变变化，将造成管道、管件和设备的损坏。负水锤时，管道中的压力降低，也会引起管道和设备振动。应力交替变化，对设备有不利的影响，同时负水锤时，如果压力降得过低可能使管中产生不利的真空，在外界压力的作用下将管道挤扁。为了防止水锤现象的出现，可以采取增加阀门启闭时间，尽量缩短管道的长度，在管道上装设安全阀门或空气室等，来限制压力突然升高的数值或压力降得太低的数值。

3．饱和状态

（1）汽水动态过程：一定压力下汽水共存的密封容器内，液体和蒸汽分子在不停的运动；有的跑出液面，有的返回液面，当从水中飞出的分子数目等于因相互碰撞而返回水中的分子数目时，这种状态为汽水平衡状态。

（2）饱和状态：处于动态平衡的汽、液共存状态即为饱和状态。

（3）饱和压力：饱和状态时，液体和蒸汽温度相同，该温度即为饱和温度；液体和蒸汽压力也相同，该压力即为饱和压力。

（4）饱和状态的水为饱和水；饱和状态的汽为饱和汽。

（5）饱和压力随饱和温度升高而增大：温度升高，分子平均动能增大，从水中飞出的分子数目越多，使汽侧分子密度增大；同时蒸汽分子的平均运动速度也增加，使蒸汽分子对器壁的碰撞增强，压力增大。因此饱和压力随饱和温度升高而增大。

4．氢气的露点温度

氢气在等压下进行冷却时，其中水蒸气开始凝结时的温度。

5．加热器端差

加热器正常疏水温度与进水温度的差值称为下端差；加热器进汽压力下的饱和温度与出水温度的差值称为上端差。

6．凝汽器端差

凝汽器排汽压力所对应的饱和蒸汽温度与循环水出水温度的差值。

7．凝汽器过冷度

凝汽器排汽压力所对应的饱和蒸汽温度与凝结水温度的差值。过冷度的危害：燃料消耗量增大，热经济性降低；凝结水含氧量增加，加剧设备腐蚀，降低了安全性。产生的原因：凝汽器汽侧积气、蒸汽分压降低；热井水位升高，淹没部分钛管；钛管排列不佳或过密，凝结水在钛管外形成水膜，水膜温度低于饱和温度。

8．水冲击

水或者冷蒸汽进入汽轮机造成水滴与高速旋转的叶片相撞击，导致推力轴承磨损、叶片损伤、汽缸和转子热应力裂纹、动静摩擦、高温金属部件永久性热变形，以及由此而来的机组振动。水冲击是现代汽轮机发生较多且对设备损伤较严重的恶性事故之一。

9．温度

物体表面的冷热程度。

10. 压力

物体单位面积上所承受的垂直作用力。

11. 表压力

用压力表测量压力所得的数值，是高于大气压力的数值，即表压力。它指的是在大气压力的基础上测得的压力值，用$P_表$表示。

12. 绝对压力

容器内气体的真实压力，用$P_绝$表示。表压力和绝对压力的关系如下：$P_表 = P_绝 - P_o$ 或 $P_绝 = P_表 + P_o$，式中P_o为当时当地的大气压力（近似等于1工程大气压）。

13. 真空

当密闭容器中的压力低于大气压力时，称低于大气压力的部分为真空。

14. 真空度

用百分数表示的真空，叫真空度，即：用测得的真空数值除以当地大气压力的数值再化为百分数。

15. 经济真空

所谓经济真空是提高真空使汽轮发电机增加的负荷与循环水泵多消耗的电功率之差为最大时的真空。如真空再继续提高，由于汽轮机末级喷嘴的膨胀能力已达极限，汽轮机的功率不再增加，此时真空称为极限真空。

16. 最佳真空

即汽轮机功率增加值与循环水泵功率增加差值最大时，冷却水量对应的真空。判断凝汽器状态的指标是最佳真空、最小过冷度、合格的凝水品质。

17. 汽化与凝结

物质从液态变为汽态的过程叫汽化，汽化方式有两种：蒸发、沸腾。物质从汽态变为液态的现象叫凝结。在一定的压力下，液态的沸点也就是蒸汽的凝结温度。凝结与汽化是两个相反的热力过程。

18. 过热蒸汽

在同一压力下，对饱和蒸汽再加热，则蒸汽温度开始上升，超过饱和温度，这时的蒸汽叫过热蒸汽。

19. 蒸汽过热度

过热蒸汽的温度与饱和蒸汽的温度之差叫蒸汽过热度。过热度越大，则表示蒸汽所储存的热能越多，对外做功的能力越强。

20. 焓

焓是汽体的一个重要的状态参数。焓的物理意义为：在某一状态下汽体所具有的总能量，它等于内能和压力势能之和。

21. 熵

熵是热力学中的一个导出参数。熵的微小变化起着有无传热的标志作用。熵的引入可以方便地反映出热力过程热量的转换及循环的热效率。

22. 液体的汽化潜热

在定压下把1kg的饱和水加热成1kg干饱和蒸汽所需要的热量，叫作该液体的汽化潜热（简称汽化热）。

23. 凝结热

在定压下，1kg蒸汽完全凝结成同温度的水所放出的热量叫作凝结热。

24. 汽化热与凝结热的关系

在一定的压力和温度下，液体的汽化热与相同压力、温度下的凝结热相等，即在温度相等、压力相同的情况下，1kg饱和蒸汽凝结时放出的热量等于1kg饱和水汽化时所吸收的热量。

25．循环热效率

工质每完成一个热力循环所做的有用功和工质在每个热循环过程中从热源吸收的热量的比值叫作循环热效率。循环热效率说明了循环中热能转变为功的程度，效率越高，说明工质从热源吸收的热量转变为有用功的比例越高；反之，效率越小，说明转变为有用功的热量越少。

26．汽耗率

汽轮发电机组每发出1kW·h的电能所消耗的蒸汽量称为汽耗率。

27．热耗率

汽轮发电机组每发1kW·h的电能所需要的热量叫热耗率。

1.3 应知应会

（1）0.01mm=10μm=1丝。

（2）汽轮机95%的轴向推力由平衡装置承担，剩余的及附加轴向推力才由推力轴承承担。推力轴承工作瓦块及非工作瓦块分别承受转子正向及反向推力。轴向推力增大时，推力轴承工作瓦块温度升高。

（3）可倾瓦轴承通常由3～5个或更多个能在支点上自由倾斜的弧形瓦块组成，也叫摆动轴承。可倾瓦轴承的瓦块工作时可随转速、载荷、轴承温度不同而自由摆动，在轴颈四周形成多个油楔。可倾瓦轴承在稳定性、承载力、功耗等各方面居支持轴承之首（三油楔轴承、椭圆形轴承次之，圆筒形轴承最差）理论上可以完全避免油膜振荡。

（4）二次门操作：开时先开一次门，后调节二次门；关时先关二次门，后关一次门，再略开二次门放尽汽水后关闭。

（5）1ppb=0.000000001；1ppm=0.000001；60万kW=600MW=600000kW。

（6）1工程大气压（1at）=1kgf/cm^2=98070Pa=10m H_2O=735mm Hg；1标准大气压（1atm）=101325Pa=10.33m H_2O=760mm Hg。

（7）轴承双振幅乘以2即为轴振的双振幅。

第 2 章

运行巡回检查规定

巡回检查是运行人员鉴定和掌握设备基本状况，积累运行现场资料，及时发现设备系统存在问题及异常的重要手段，是确保发电机组安全稳定经济运行的重要保证。因此，必须认真仔细地做好各项工作。

2.1 巡回检查一般规定

（1）巡检人员应由经过考试合格的定岗人员进行，严禁无岗位人员独立进行巡回检查。

（2）巡回检查时巡检人员不得从事检修维护工作或承担学习任务。

（3）巡检人员巡检前应掌握巡查设备及系统的运行方式（运行、备用或检修）和运行参数的正常范围，熟知阀门和挡板在不同负荷时的开度，仪表指示在不同负荷时的相应位置。

（4）设备或系统停运检修时，巡检人员应了解检修工作内容及工作范围。巡检时如发现检修设备安全措施有变动、安全警示牌缺失、检修设备与运行设备隔绝不可靠，或检修工作影响运行或备用设备区域文明生产时，应立即通知检修人员停止工作进行整改，并汇报值班负责人。

（5）巡检人员离开控制室巡检前应汇报值班负责人。

（6）巡检人员巡检时应根据巡检设备需要带好必要工具，如对讲机、手电、听针、低压验电笔、测温仪、测振表、测氢仪等。

（7）巡检人员进入生产现场后对设备和系统检查、分析、判断，其方法为根据经验主观检查判断和利用工器具、仪表进行定量鉴定。

（8）巡检人员如怀疑设备和系统异常，应立即向值班负责人汇报检查情况，由值班负责人进行复查及分析并采取必须的应对措施。

（9）巡检过程中如设备、系统发生异常，巡检人员应根据事态发展情况决定是否立即返回集中控制室参与事故处理，如无需返回集中控制室进行事故处理，则必须与值班负责人取得联系。

（10）巡检人员发现缺陷时须及时通知值班负责人，由值班负责人确认后录入FAM缺陷管理系统。

（11）巡检过程中如发现有威胁机组安全运行及人身安全重大缺陷，应立即汇报值班负责人，值班负责人对缺陷确认后，立即调整设备运行方式或做好隔离措施，并由值长立即通知检修人员处理。巡检时如发现危及人身或设备安全的异常事件时，可立即进行必要的处理，然后向值长、值班负责人汇报。

（12）巡检人员在危险区域接近危险部位（如高温、高压、有毒气体、高电压设备）巡检时，应远离危险部位，并在进入危险区域前和离开危险区域后通知集中控制室主值班员（副值班员）。

（13）巡检中如遇高压设备接地，室内不得接近故障点4m以内，室外不得接近故障点8m以内。

（14）不论高压设备带电与否，巡检时不得移开或越过遮栏，要随时保持与高压设备的安全距离。

（15）巡检人员巡回检查结束必须立即填写巡检记录，不得拖延至最后集中填写。

（16）巡检时禁止触摸设备旋转部位及带电部位。

2.2 巡回检查时间规定

（1）巡回检查分为定时巡回检查和重点巡回检查。

1）定时巡回检查，指运行人员按规定时间进行周期性巡回检查。

2）重点巡回检查是针对存在缺陷的设备、异常运行方式下的设备、消缺后新投运的设备、新投产运行的设备及重大节日及领导布置的特殊项目的检查。

（2）所有设备和系统应在接班后立即进行全面巡查一次。

（3）所有设备和系统应在交班前2h进行全面巡查一次。

（4）交班前1h主值班员（副值班员）全面检查DCS操作员站所有画面参数。

（5）值长、值班负责人应根据交班前巡检情况及交班前参数浏览情况，对设备安全、经济、健康状态做出综合判断，并依此作为交班交代内容之一。

（6）设备和系统工况发生较大变化，值班负责人应立即安排巡检人员进行针对性检查。

（7）每班要至少安排一名副值班员以上岗位人员全面巡查所辖系统主要设备一次。

（8）巡检人员按照巡检路线要求，每2h巡检一次。

（9）运行设备或系统有缺陷时在原规定检查时间上缩短一半时间。

2.3 巡回检查路线规定

（1）巡检路线原则上分专业进行，即指定专责分别巡检锅炉设备、汽轮机设备、电气设备、化学设备、除灰设备、脱硫设备。由于集控专业的特殊性，上述巡检人员应定期轮换。

（2）巡查路线要确定巡查设备的先后顺序，检查路线要尽量选择直线路径。

（3）巡查路线要避开容易导致人身伤害的地方，确保人员的安全。

（4）汽轮机专业巡检路线。

集中控制室→发电机→汽轮机→给水泵汽轮机→#5低压加热器、#1高压加热器→定子内冷水反冲洗部分→油水报警器→氢冷器调节站→浮子油箱→空气析出箱→密封油膨胀箱→空气析出箱排烟风机→高旁及三级减温器→给水泵汽轮机轴封减温器→#7、8低压加热器旁路→主机油箱各表计阀门及排烟风机→中联门→主汽门、调门、VV阀及EH油管道→上水调门、旁路门及凝结水泵再循环→轴封加热器及轴封调节站→各抽汽门、逆止门、给水泵汽轮机排气→#6低压加热器、#2高压加热器→#7、8低压加热器水位计→给水泵汽轮机汽源切换系统→补氢站→定子内冷水部分→抽真空系统→密封油系统→高背压凝汽器疏水扩容器→凝汽器→胶球清洗系统→油净化系统→开式水泵及闭式水换热器→EH油站→低背压凝汽器疏水扩容器→凝汽器补水阀→轴封加热器上水及旁路阀→闭式水泵→电泵及电泵前置泵→给水泵汽轮机润滑油站及给水泵汽轮机油净化→给水泵前置泵→水室真空泵→凝补泵→凝结水泵→除氧器→闭式水箱→辅汽联箱→#3高压加热器→集中控制室。

2.4 巡回检查内容及巡检项目

（1）检查设备及系统的运行、备用、检修方式是否正确。

（2）检查运行设备是否处于安全、经济运行状态。

（3）检查设备及系统的状态及主要参数是否正常，检查项目包括声音、振动、压力、温度、电压、电流、液位等。

（4）检查设备系统跑冒滴漏现象，检查项目包括漏煤、漏水、漏气、漏汽、漏灰、漏风、漏烟、漏油等。

（5）检查设备、系统附件是否齐全完好，检查项目包括管道及设备保温、管道支吊架、设备基础、设备接地、热工仪表、热工变送器柜、电气控制柜、阀门牌等。

（6）检查生产现场安全防护设施是否齐全完好，检查项目包括通道是否畅通、照明、栏杆、护板及消防器材等。

（7）检查建筑物、构筑物及其他现场设施的状况。

（8）检查生产现场和设备、系统的卫生状况。

（9）检查防暑、防寒、防汛、防冻设施的状况。

（10）检查值班地点工器具的数量和完好情况。

（11）检查运行日志和DCS、NCS实时数据及变化趋势，判断设备及系统是否处于安全、经济工况。

2.5 | 特殊情况巡回检查规定 ◢

（1）新投运设备、大修投入试运行设备、技改后投入运行的设备第一次投运时要加强检查。

（2）存在缺陷的运行设备或有过频发性故障的设备，要重点加强检查。

（3）交班人员所交代的设备异常情况或注意事项，要重点加强检查。

（4）特殊运行方式下的设备和系统，要重点加强检查。

（5）主要辅助设备失去备用时，要重点加强检查。

（6）自然条件变化（如雷雨、大风、大雪、大雾等恶劣天气）前后，要对室外设备重点加强检查。

（7）高温天气或夏季高负荷时段，要对易发热或散热受影响的设备重点加强检查。

（8）冬季要对转动设备冷却水、油系统蒸汽伴热、室内外配电盘柜电加热装置、循环水前池等部位重点加强检查。

（9）上级领导命令、各管理人员安排、值长或值班负责人认为有必要重点检查的设备要加强检查。

总之，汽轮机在正常运行中日常工作是很多的，运行人员只有加强责任心，认真做好这些工作，才能使汽轮发电机组保质保量、安全经济地向电网供电。

第 3 章

设备概述

3.1 火力发电厂生产过程

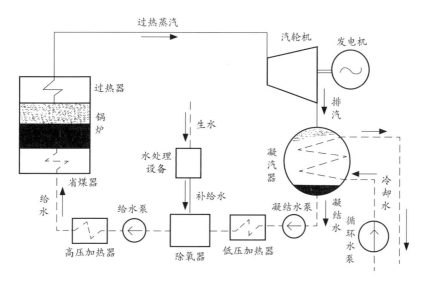

火力发电厂生产过程中的热力系统图

　　图中给水在锅炉中吸收燃料燃烧时所发出的热量，产生具有一定压力和温度的蒸汽，这种高温高压的蒸汽经管道送入汽轮机，在汽轮机内膨胀做功，使汽轮机转子旋转。汽轮机转子带动发电机转子一同高速旋转，从而发出电来。可以看出，火力发电厂生产过程的实质就是实现能量转变，即在锅炉设备中把燃料的化学能转变成蒸汽的热能；在汽轮机中把蒸汽的热能转变成汽轮机转子旋转的机械能；在发电机内把旋转的机械能转变成电能。

3.2 | 汽轮机设备组成情况 ◢

　　汽轮机设备主要由汽轮机主机及其辅助设备组成。汽轮机是火力发电厂的关键设备之一，它的任务是将蒸汽的热能转变为汽轮机转子旋转的机械能。汽轮机的功率用kW或MW表示，目前，国内应用的汽轮机单机功率已达1000MW。

　　汽轮机的辅助设备主要有凝汽器、高低压加热器、除氧器、给水泵、循环水泵、凝结水泵等。凝汽器的作用是把汽轮机排出的乏汽凝结成水，在汽轮机排汽口建立并保持高度的真空。高、低压加热器的作用是汽轮机中间不同压力的抽汽来加热供给锅炉的给水，以避免部分蒸汽在凝汽器中的热量损失，提高机组的效率。除氧器的作用是除去锅炉给水中的氧气和其他不凝结气体，防止热力设备腐蚀和传热恶化。给水泵的作用是把除氧器内除过氧的给水送入锅炉。循环水泵的作用是向凝汽器提供冷却汽轮机排汽的冷却水。而凝结水泵的作用是抽出凝汽器中的凝结水，并将其输到除氧器。凝结水在除氧器中经过除氧后，用作锅炉的给水。

第4章

汽轮机设备检查要点

4.1 汽轮机

4.1.1 汽轮机概述

N1000-25/600/600型汽轮机为超超临界、一次中间再热、单轴四缸四排汽、凝汽式，设计额定功率为1000MW。汽轮机中、低压缸均为双流反向布置。通流级数45级：高压缸为一个双列调节级，8个压力级；中压缸为2×6个压力级；低压缸为2×2×6个压力级。

4.1.2 汽轮机技术规范

N1000-25/600/600型汽轮机技术规范见表4-1。

表4-1　　　　　　　　　N1000-25/600/600型汽轮机技术规范

名　称	有关参数
机组型号	N1000-25/600/600
机组型式	超超临界、一次中间再热、四缸四排汽、单轴、双背压、凝汽式、八级回热抽汽
功率	额定工况：1000MW
转速	3000r/min
转向	逆时针（从汽轮机端向发电机端看）
凝汽器设计冷却水温	设计温度：17℃
通流级数	热力级21级，结构级共45级。 高压缸：1个双列调节级+8个压力级 中压缸：2×6个压力级（双流程） 低压缸：2×2×6个压力级（两个双流低压缸）
末级叶片高度	1092 mm（43inch）
配汽方式	复合调节（喷嘴调节+节流调节）

名　称	有关参数
给水回热级数	3级高压加热器+1级除氧器+4级低压加热器
给水温度	298.2℃
额定工况下保证热耗	不大于7296 kJ /kWh
盘车转速	2r/min

4.1.3　正常运行巡回检查及维护项目

4.1.3.1　正常运行巡回检查内容

（1）汽轮机高压缸左右膨胀偏差。

（2）汽轮机中压缸左右膨胀偏差。

（3）汽轮机主油泵入口压力0.14MPa，出口压力2.0MPa，汽机润滑油压力0.2MPa。

（4）汽轮机推力瓦（工作面、非工作面）回油温度<65℃及回油量。

（5）汽轮机#1、2、3、4、5、6、7、8、9、10、11轴承回油温度<65℃及回油量，回油窗无水珠。

（6）运转层汽端、励端密封油压力。

（7）轴承油挡、汽缸轴封无漏油、漏汽、冒烟。

（8）倾听汽轮机各轴承及汽缸内金属摩擦情况。

（9）汽泵组润滑油压>0.1MPa、各轴承回油量正常，观察窗无水珠及轴承回油温度；汽泵轴承无异音，回油<65℃，密封水回水温度<75℃。

（10）发电机本体清洁无异物，无漏水、漏气、渗油现象。

（11）发电机本体各部分无异音、异常振动、异味。

（12）发电机碳刷、滑环、均压弹簧安装牢固，压力适当，碳刷在刷窝内无跳动或卡涩现象，无过热冒火现象，碳刷引线压接良好，碳刷边缘无脱落现象，刷窝与刷架上无积垢，定期测碳刷尾部温度及电流以判断运行是否正常；发电机滑环表面应无变色、过热现象，其温度不应大于120℃。

（13）发电机刷架引线、滑环正常，刷架与滑环间隙正常。

（14）主机盘车在脱开位置；盘车电机运行时声音、振动正常。

（15）主机推力轴承油压表指示正确。

（16）就地汽轮机转速显示正确。

4.1.3.2　正常运行维护项目

（1）盘车电机定期测绝缘。

（2）熟练掌握主机盘车电源位置，紧急情况下到就地启动油泵。

（3）定期更换碳刷。

（4）MSP、TOP、EOP启停试验。

（5）顶轴油泵启停试验。

4.1.4　常见故障及危险点

（1）汽缸膨胀左右偏差大，主要原因是汽缸膨胀不畅、加热不均。

（2）轴承回油量少轴承回油温度高，主要原因是各轴承进油节流孔或滤网堵塞、润滑油压低。

（3）油档或轴封碰磨，主要原因是轴系受热膨胀不均。

（4）轴承振动大，主要原因是高负荷汽流激振、水冲击、轴封供汽温度突降轴封进水。

（5）油档冒油烟或漏油，主要原因是主油箱负压小，需要调整油箱负压。

（6）轴封漏汽，主要原因是轴封压力过高或轴封加热器负压过小，需要调整轴封压力或调解轴封加热器风机入口门开度。

4.1.5　事故案例警示

某厂#7机组由于螺栓紧固时应力不平衡，汽轮机高压缸外缸结合面漏汽。

某厂#2机组温度套管质量差，高压缸调速级处温度测点套管漏汽。

2007年1月24日，某厂#2机组汽轮机#2轴承Y向振动探头故障触发轴承振动高二值造成机组跳闸。

2008年6月17日，某厂#3机组因保护回路图纸审查不严格，回路检查不仔细，遗留隐患，导致"发电机内部故障"信号发出，发电机被迫与系统解列。

2010年6月14日，某厂#3 LVDT线性位移传感器固定支架开焊，导致高调门阀位反馈异常，引起阀门误关，轴瓦振动大跳闸。

2011年12月4日，某厂人员施工时，由于钢格栅板未进行牢靠固定，格栅板受力滑动移开，导致1名工作人员高处坠落死亡。

2012年2月12日，某厂施工人员擅自将吊物孔盖板掀开，未设置固定围栏，致使1名运行人员在巡检过程中踏空坠落死亡。

2012年4月22日，某厂汽轮机队人员经过6m层时，擅自越过安全旗绳，从用以吊运架材揭开的网格栅孔洞中坠落，导致死亡。

2013年4月19日，某厂#3机组因启动汽轮机本体暖机不充分，引起高、中压缸内部动静轻微碰磨，引发机组振动大跳闸。

汽轮发电机组侧面图

附加说明

N1000-25/600/600型汽轮机为单轴四缸四排汽型式，从机头到机尾依次串联，一个单流独立高压缸、一个双流独立中压缸及两个双流低压缸。高压缸呈反向布置（头对中压缸），由一个双流调节级与8个单流压力级组成。中压缸共有2×6个压力级。两个低压缸压力级总数为2×2×6级。

提醒

（1）需要停机时，逆时针旋转手动打闸脱扣器45°后向外拉出。

（2）正常运行时：

1）主油泵入口压力：0.13MPa；≤0.07MPa启动吸入油泵（MSP）。

2）轴承润滑油母管压力：0.18MPa；≤0.1MPa延时2s直流事故油泵启动（EOP）；≤0.115MPa启动交流辅助油泵（TOP）；≤0.1MPa低油压报警；≤0.07MPa轴承油压低遮断。

3）主油泵出口压力：>1.21MPa；≤1.21MPa启动交流辅助油泵（TOP）。

图中标注：低压缸、中压缸、高压缸、手动打闸脱扣器、主油泵入口油压力表、轴承润滑油压力表、主油泵出口油压力表

超超临界1000MW汽轮机侧面图

附加说明

　　正常运行#1–#4轴承金属温度≥107℃高报警；#5–#8轴承金属温度≥115℃高报警；#1–#8轴承回油温度≥75℃高报警；发电机#9–#10支持轴承金属温度≥90℃报警；发电机本体轴承和油封回油温度≥70℃高报警。

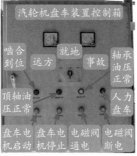

主机盘车图

提醒

　　盘车转速2r/min；投盘车时，要特别注意盘车电流是否异常增大、晃动，严禁强行盘车；停机后（汽轮机转速到零值）立即投入盘车。当盘车电流较正常值大、摆动或有异音时，应查明原因及时处理。汽轮机盘车、冲转、升速过程中，记录汽轮机各参数，就地倾听汽轮机各部有无摩擦声。发现异常时及时汇报。

4.2 循环水系统

4.2.1 系统简介

4.2.1.1 循环水泵及附属系统

　　一期2×1000MW级机组采用以海水为水源的直流供水系统，采用单元制。结合码头的布置考虑，采用北取西排的布置格局。电厂面临莱州湾，厂址北侧建设码头，取水口设置在码头港池内。

　　循环水系统配置情况：1台机组配置1个取水口，1条引水沟道，3个检修钢闸门，3个拦污栅（2台机组的6个拦污栅合用1台清污机），3套旋转滤网，3套循环水泵组，1条DN3800循环水压力供水管道，1条DN3800循环水排水管，1条循环水排水沟和1套水轮发电机组。循环水泵流道上沿水流方向依次布置拦污栅、旋转滤网。

拦污栅清污机图

附加说明

　　拦污栅用于拦截较大污物，拦污栅采用清污机清除（清污机具有一机多孔口清污作用、清污效果好、运行平稳、定位可靠、维修方便、占地小、重量轻、投资少等特点，适用于海水、淡水不同水质要求。同设置在每个孔口的液位差控制装置配套使用，可实现自动化操作。清污机可有效地拦截和清除水流中的水草及水生物）。

旋转滤网图

附加说明

　　旋转滤网布置在循环水泵房进水间，旋转滤网用于拦截较小的污物，2台机组配置6台侧面进水的旋转滤网，网外进水网内出水。夏季和春季每台机组运行3台滤网，冬季运行2台滤网。

　　正常工作时，泵房无人值班，定期巡视检查，旋转滤网及冲洗水泵根据旋网前后水位差信号自动运行或定时运行，也可由机组DCS（分散控制系统）和就地控制箱人工操作，所有运行状态、报警信号均可通过DCS系统集中监控。

　　循环水系统以每台1000MW机组配置3台循环水泵，3台循环水泵可以并联或单泵运行，满足各季节、各工况下整个机组的安全、经济运行。夏季运行3台泵（5~10月），春秋季运行2台泵。循环水泵房采用无人值守、定期巡检的运行方式。主设备的操纵命令均在集控室进行；同时，循环水泵房内设有循环水泵及液控蝶阀就地启停按钮。

一期每台机组设1座循环水排水虹吸井，2台机组的2座排水虹吸井并列布置在主厂房前。虹吸井采用45°斜交溢流堰。虹吸井排水经过2条3.6m×3.6m的混凝土排水沟，先向西南方向穿过A列外道路后并列敷设，穿过进厂主干道后，进入尾能发电前池。

循环水泵房检查路线：循环水泵→循环水泵坑→冲洗水泵→旋转滤网→拦污栅→清污机→前池。

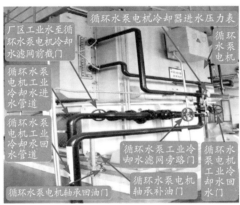

循环水泵管道图

附加说明

（1）循环水泵正常运行时，巡检人员注意检查循环水泵本体声音、振动正常，循环水泵盘根润滑水无甩水现象，循环水泵电机冷却水投入正常，各冷却水门位置正确等内容。

（2）正常运行时循环水泵电机冷却器进水压力为0.2～0.4MPa。

循环水泵出口蝶阀及控制箱

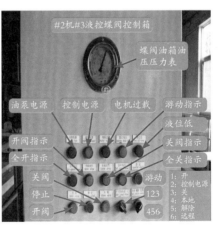

附加说明

（1）巡检人员注意检查液控蝶阀控制箱上的开关指示、压力表读数是否与实际运行一致。

（2）蝶阀油箱油压≤13MPa连锁启动油泵；≥18MPa连锁停止油泵。

循环水出口蝶阀全开

循环水出口蝶阀全关

循环水出口蝶阀开关图

附加说明

循环水出口蝶阀全开、全关就地判断方法：循环水出口蝶阀液压缸推杆全部伸出为全开，全部收回为全关（具体指示见图）。

开阀方式：匀速开启，特殊情况下开启过程中中间开度可停（注水模式），即半开。开阀时间：90s。

关阀方式：二阶段关闭，第一阶段从全开位置到15°行程约20s，第二阶段从15°开度位置至全关约40s，特殊情况下关闭过程中可实现中停。

手动关阀方式：手摇油泵关阀。

正常运行：蝶阀开启后120s未到全开位置，说明设备有故障，不能全开，立即发出报警信号，通知值班人员立即到达现场检查原因并及时处理。

循环水泵计划停泵时，该泵的出口液控蝶阀先从全开位置快关到75°开度位置，此时联动关闭该循泵，同时蝶阀连续慢关至全关位置。如全关时间超过90s未到全关位置，说明设备有故障，立即发出报警信号，通知值班人员立即到达现场检查原因并及时处理。

事故情况：任意一台循环水泵因故障事故停泵时，DCS系统发出信号联动该泵的出口阀门，先从全开位置快关到15°开度位置，再连续慢关至全关位置。

循环水泵为大流量、低压力的斜流泵，出口蝶阀小开度的情况下长时间运行，会对设备造成损坏。若开关阀过程中出现故障，只要可靠判定蝶阀实际位置，就可保证设备的安全运行，主要措施如下：

（1）循环水泵出口蝶阀开、关阀门时均存在故障风险，应检查就地机械位置，根据机械状态确定循环水泵方式。

（2）正常停泵时，蝶阀出现"关故障"，就地确认蝶阀液压杆位置，如已关闭到位，可直接停运循环水泵运行，如未关闭，将蝶阀就地控制柜切至"就地"控制，继续将出口蝶阀全关后停止，停运循环水泵。

（3）正常启泵时，蝶阀出现故障，就地确认蝶阀液压杆位置，如已接近全开，可保持循环水泵运行，联系检修进一步确认故障原因，需停泵时，观察机械位置关闭到位，停运循环水泵。

（4）当出现阀门限位、指示故障时，应采用就地操作，两人配合，检查机械位置到位后就地点击停止，可防止阀门过开或过关，造成损坏。

（5）事故情况下可通过操作手动泵，维持系统压力，实现关阀操作。

循环水泵出口蝶阀控制油蓄能器

循环水泵出口蝶阀油泵电机

循环水泵出口蝶阀控制供油箱

循环水泵出口蝶阀控制供油箱油位计

手动摇动手动泵操作孔

循环水泵出口蝶阀控制供油箱图

附加说明

（1）正常运行时循环水泵出口蝶阀控制供油箱油位在2/3处。

（2）手动泵：用于油泵事故状态下为系统提供压力（原理图见左图手动泵控制原理图）。

（3）液控蝶阀性能：采用二阶段关闭方式工作，避免大量循环水回流产生水锤现象；无电或需要手动的情况下，用人工推动电磁阀阀芯，使油路处于相应状态，摇动手动泵，实现阀门的手动操作；蝶阀都配有可调节的开启、关闭限位开关和开度指示器，限位开关可保证无过开关现象，开度标志明显，开关无空程，并保证开度指示与蝶板开度位置一致。因其设计为可调式，转动件与阀转轴螺帽固定，如出现调整固定螺帽松动，将失去指示、限位意义。巡检人员检查时应注意观察。

（4）手动摇动油泵关阀方法：利用阀门钩加杠杆，手动上下扳动手动泵操作孔（见图），加压，为系统提高控制油。

手动泵控制原理图

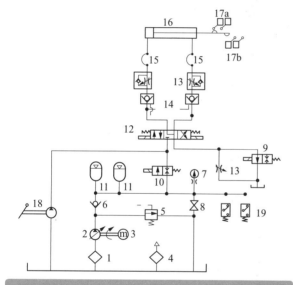

1—吸油过滤器；2—轴向柱塞泵；3—电机；4—空气过滤器；5—溢流阀；6—单向阀；7—压力表；8—截止阀；9—缓闭电磁阀；10—保压电磁阀；11—蓄能器；12—主电磁阀；13—单向节流阀；14—液压锁；15—高压软管；16—油缸；17—行程开关；18—手动泵；19—压力继电器

4.2.1.2 胶球清洗系统

为了保持凝汽器管束内部经常处于清洁状态，提高机组运行的经济性，防止或减轻凝汽器管道腐蚀，延长其使用寿命及改善工作条件，机组运行时，需要对凝汽器的冷却水进行净化及对凝汽器的钛管进行经常性清洗，凝汽器胶球自动清洗装置是目前清洗管道广泛采用的一种设备。胶球清洗系统布置优点是对凝汽器各侧可同时进行清洗；另外，任何一侧的胶球清洗系统出现故障，均不会影响另一侧的正常运行。胶球清洗装置由胶球、收球网、胶球泵、收球室、胶球管路及阀门等部件组成。

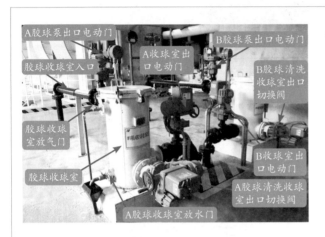

胶球清洗管道图

附加说明

（1）凝汽器出水管上的收球网投运时一定要可靠到位，关闭严密，否则胶球会通过收球网间隙漏掉。

（2）循环水泵切换及钛管泄漏禁止投入胶球清洗。

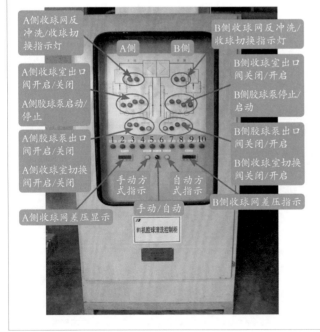

胶球清洗控制柜图

1. A侧收球网故障
2. A侧收球室切换阀故障
3. A侧胶球泵出口阀故障
4. A侧收球室出口阀故障
5. B侧收球网故障
6. B侧收球室切换阀故障
7. B侧胶球泵出口阀故障
8. B侧收球室出口阀故障
9. A侧胶球泵故障
10. B侧胶球泵故障

胶球清洗注意事项

（1）正常投球量为凝汽器单侧单流程冷却管根数7%～13%，依胶球循环一次所需时间的长短，一般以30s作为界限。

（2）每次投运胶球前，必须检查收球网板在收球位置；检查胶球的质量（质量要可靠，富有弹性），所用胶球的外径为23.5mm，发现有破损等情况时及时更换新球。每侧清洗装置每次投入胶球数量为1200个左右，浸泡胶球时，胶球收球室内水中悬浮，浸水充分，新球必须充分浸泡24h并排挤空气后，才允许进入系统运行。经过长时间浸泡后不发生变硬、变形等异常情况，个别胶球可能胀大过多，致使直径超标，在补充和更换胶球时，均应及时换掉，以防冷却管被堵或清洗效果不良。

（3）凝汽器胶球清洗装置收球率要求大于95%，当收球率小于95%时，要检查收球网是否关闭严密，发现问题及时汇报，分析原因；当收球率达95%以上时，将收球网打至反冲洗位置，冲洗收球网上杂物，防止堵塞收球网。

（4）为保证胶球长时间能够使用，每次投运结束后，将收球室的进出口门关闭，开启放水门，将破烂的胶球拣出。

4.2.2 正常运行巡回检查及维护项目

4.2.2.1 正常运行巡回检查内容

正常巡回检查内容如表4-2所示。

表4-2　　　　　　　　　循环水系统正常巡回检查内容

检查项目	检查内容
循环水连通阀门坑	（1）无大量积水； （2）排污泵工作正常
循环水母管空气门	所有管路上的自动放空气门无水外泄
循环水泵	（1）循环水泵电机冷却水投入正确，循环水泵盘根润滑水无甩水现象，各冷却水门位置正确；

检查项目	检查内容
循环水泵	（2）循环水泵电机电流正常，轴承油位正常，油质合格，轴承温度、定子绕组温度正常，循环水泵本体声音、振动正常； （3）循环水泵轴承冷却水、润滑油管道无漏点； （4）循环水泵放气阀动作正常； （5）循环水泵出口压力正常：0.12~0.18MPa，运行泵出口门全开机械指示正确； （6）循环水泵碟阀油泵站无渗油现象，油位正常；油站油泵出口压力、蓄能器压力正常；碟阀油泵站就地控制柜的碟阀方式开关位置、开度指示正确
循环水泵坑	（1）循环水泵出口蝶阀开度正常； （2）循环水泵出口蝶阀控制油站油位、油压均正常； （3）循环水泵坑内无积水； （4）排污泵工作正常
旋转滤网冲洗水泵	旋转滤网冲洗水泵、电机声音、振动、轴承温度、油位正常
旋转滤网	（1）冲洗水压正常，冲洗沟中无垃圾堆积； （2）旋转滤网齿轮箱油位、油色正常； （3）旋转滤网处于自动状态，拦污栅和旋转滤网前后液位差正常； （4）旋转滤网运行时，检查旋转滤网声音、振动、轴承温度正常，转动部位良好，无卡涩
拦污栅	（1）拦污栅前后水位正常并与 CRT 显示一致； （2）拦污栅清污机启动后，检查转动部位良好，无卡涩，清污效果良好
旋转滤网间前池	前池水位正常并与 CRT 显示一致
虹吸井	外观无渗漏、冒沫现象
凝汽器循环水	（1）A、B凝汽器循环水进水压力表、回水压力表指示正确； （2）A、B凝汽器循环水进水温度表、回水温度表指示正确； （3）凝汽器循环水室放气门无漏水现象； （4）凝汽器循环水各管道、阀门无漏气、水现象
凝坑循环水	（1）凝坑照明良好、水位正常，排污泵控制箱方式开关正确、凝坑液位指示正确； （2）凝坑内循环水各放水门关闭严密，无漏水现象，坑中无积水
胶球清洗泵	（1）控制柜无报警； （2）胶球清洗泵、电机轴承油位、油色、运行声音、温度正常

4.2.2.2　正常运行维护项目

（1）循环水二次滤网排污。

（2）凝坑水位高时及时检查排污泵应自动联启，否则启动排污泵排污。

（3）清污机定期清污试验。

（4）循环水旋转滤网间清污机出口杂物多时及时联系检修清理。

（5）旋转滤网冲洗水泵启停。

（6）备用循环水泵定期测绝缘后切换。

（7）水室真空泵、原水泵启停。

（8）定期投入胶球清洗装置。

（9）循环水泵电机轴承油位低时及时联系维护补油。

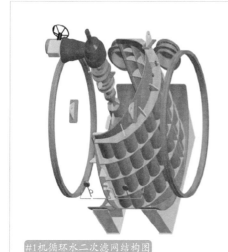

#1机循环水二次滤网结构图

#2机循环水二次滤网内部结构图

循环水二次滤网结构图

附加说明

　　#1机循环水二次滤网为排污槽旋转负压反冲洗式二次滤网，#2机循环水二次滤网更换为上图结构，为立式自动反冲洗二次滤网，工作原理同#1机循环水二次滤网。循环水进入过滤器，经滤网有效过滤后流出。杂质滞留在滤网上，滤网两侧压差增加。系统对滤网压差进行连续监控，当压差达到设定值时，系统启动滤网反冲洗。排污管一端连接排污阀，另一端连接一低压管段，管内因此顺势产生一股强反向水流，将滤网杂物冲出，然后进行下一网格反冲洗，最终整个滤网得到有效清洗。滤网反冲洗所需的水流量仅为未过滤冷却水流量的10%。

凝汽器侧面图

凝汽器（电机侧）循环水出口A压力表

凝汽器（电机侧）

凝汽器（汽轮机侧）

凝汽器（汽轮机侧）循环水出口A压力表

凝汽器（电机侧）循环水出口B压力表

凝汽器（汽轮机侧）循环水出口B压力表

A循环水胶球收球网

循环水二次滤网

低压凝汽器B侧循环水入口蝶阀

推杆在此位置表示在收球位置

B循环水胶球收球网

推杆推进表示在反冲洗位置

高压凝汽器A侧循环水出口蝶阀

凝坑管道图

附加说明

（1）二次滤网放水门由手动截止阀更改为手动蝶阀，手动蝶阀传动部件强度不高，操作时应徒手操作，防止阀门损坏。

（2）二次滤网排污按照新程序执行，系统投停由远控操作，发现无法冲洗或冲洗不正常，及时联系检修处理，程序执行时，不可切至就地进行操作，以免造成程序异常。

4.2.3 常见故障及危险点

（1）凝结水硬度超标，凝汽器进行半侧隔离。

凝结水硬度超标，一般是凝汽器钛管泄漏所致，循环水将漏至凝结水侧，造成凝结水水质恶化，严重威胁机组安全运行。另外，当凝汽器钛管管板上垃圾堵塞时，会造成换热效果下降，凝汽器真空严重偏低，影响机组的经济运行。泄漏不严重时用胶球清洗装置加锯末即可；泄漏严重时要进行凝汽器半侧隔离，对凝汽器泄漏钛管进行封堵。

（2）循环水泵吸水井水位低，严重时将发生循环水泵汽蚀，及时启动清污机进行循环清洗。

（3）循环水泵轴承温度高。

（4）循环水泵入口滤网差压高，主要原因：①循环水水质差，浮游生物多；②滤网清污机效果差；③清污机长时间无法投运；④有较大杂物堵塞。

（5）循环水泵倒转。

（6）泵组振动异常增大时应检查电机电流，倾听泵内声音，若出口压力、循环水泵电流晃动大，应检查循环水泵吸水井水位是否过低，入口滤网是否堵塞。若循环水泵电机电流增大，母管压力降低，应检查循环水泵出口碟阀是否下滑或关闭，若发现下滑应重开一次，开不起来，联系处理。

（7）循坑水位高时，及时启动排污泵，并查出水源，严防淹没碟阀控制部分。

（8）凝坑水位高时，应及时查找凝坑的水源，并做相应处理。启动凝坑排污泵，但不要忘记将泵停运。

4.2.4 事故案例警示

某厂#1机组循环水泵入口滤网发生堵塞，#2循环水泵停运。机组减负荷清扫滤网。巡检人员加强检查，定期启动旋转滤网。

某厂#1机组滤网长时间运行维护不到位，导致#1循环水泵旋转滤网自由端轴承损坏。

某厂#2机组循环水泵旋转滤网护板脱落，#3循环水泵旋转滤网卡涩。加强设备维护，运行人员加强巡检。

2009年8月13日，某厂因循环水回水管膨胀节安装质量原因发生泄漏，被迫停机处理。

2011年6月1日，某厂循环水母管泄漏，导致循环水泵房控制柜被淹，造成全厂停电。

2013年8月13日，某厂#4机组在循环水泵切换时因操作不当使循环水量不足造成机组低真空保护动作跳闸。

2015年6月23日，某厂#1尾能解体大修，#1、2旁路闸板关闭，尾能排污坑水位异常上涨导致#2尾能机组跳闸。事故防范措施：①运行值班记录增加尾能排污坑水位记录项，运行人员每小时手动记录一次，强化水位监视；②运行人员巡检时加强对排污坑水位、排污泵运行状况和运行方式的检查，确保排污泵、防洪泵运行和备用正常；③运行分场加强外围配电箱操作权限和钥匙管理，运行分场和电气分场对外围设备配电箱进行全面检查，增加锁具、警示标识等防误动设施。

2015年7月24日，某厂因为循环水泵房南门及底部防洪板将水全部挡至循环水泵蝶阀坑内，导致坑内大量进水致所有冲洗水泵及排污泵被淹。事故防范措施：巡检人员加强巡检制度的贯彻执行，确保设备巡检按时到位。

2015年12月9日，某厂#1机A循环水泵综合保护装置运行异常。事故防范措施：①更换#1机A循环水泵WDZ-5233综合保护装置，软件升级，保护全检，检查二次回路，做好传动试验；②对#1、2机主厂房10kV、脱硫10kV、煤灰10kV开关综合保护装置运行情况进行一次全面检查，发现异常及时处理，同时检查开关室温、湿度，保证环境满足设备运行要求。

4.3 开式水系统

4.3.1 系统简介

由于该机组采用海水冷却，海水腐蚀性强，所以只有对温度要求低的少数用户采用开式水冷却，其余大部分用户均采用闭式水冷却，开式水由凝汽器循环水进水蝶阀前母管引出，开式水用户有主机冷油器、闭式水冷却器、真空泵工作水冷却器。

4.3.2 正常运行巡回检查及维护项目

4.3.2.1 正常运行巡回检查内容

（1）系统无泄漏、异常振动。

（2）开式水滤网进、出口差压正常，无泄漏。

（3）开式水泵进、出口压力、小流量开式泵运行出口压力（＞0.12MPa）正常，备用泵不倒转。

（4）A/B开式水泵电机电流、振动、声音、轴承温度、轴承油位均正常。

（5）小流量开式泵永磁调速器本体、轴承温度正常。

（6）熟悉两台开式水泵及小流量开式泵就地事故按钮的位置，关键时候会正确使用，并防止巡回检查时误碰。

（7）备用泵备用良好（进、出口门开启）。

（8）系统各放水、放气门及管道、阀门无漏点。

4.3.2.2　正常运行维护项目

（1）开式水滤网旋转排污。

（2）开式水泵定期测绝缘后切换。

（3）开式水泵启停。

4.3.3　常见故障及危险点

系统常出现的报警有：开式水泵入口压力低、开式水泵出口压力低、开式水母管压力低、开式水滤网前后差压高等。

开式水泵滤网管道图

附加说明

　　开式水滤网放水手动门每天巡检时开启进行排污，直至水流清澈；另外反冲洗时也要开启。

滤网压力表图

提醒

　　开式循环水电动滤水器滤网差压高≥0.015MPa高报警。

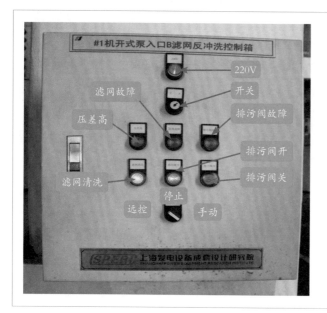

开式水泵入口B滤网反冲洗
控制箱

开式水泵管道图

开式循环冷却水供水入口
压力表

提醒

　　A、B开式水泵正常运行出
口压力>0.3MPa。开式水泵出口
母管压力≤0.1MPa延时2s联启
用泵并低报警发出。

开式水泵电机管道图

附加说明

　　运行开式泵跳闸，检查备用
泵联启正常，立即就地检查运行
泵振动、声音、压力、轴承温度
均正常，并检查跳闸泵不倒转，
否则立即用对讲机与集控室人员
联系，关闭倒转泵出口门；旦备
用泵未联启，可在集控室手动强
合一次，不成功不得再次强合，
应启动备用循环水泵，在处理期
间，应严密监视机组运行参数特
别是各开式水用户的有关温度
值，必要时可降低机组负荷直到
停机。

小流量开式泵管道图

小流量开式泵电机

小流量开式水泵

小流量开式泵入口电动门

#1机A开式泵出口管道

#1机小开式泵出口管道

小流量开式泵出口管道

小流量开式水泵出口电动门

小流量开式泵出口管道

小流量开式泵电机

小流量开式泵调速器

小流量开式泵轴承温度接线盒

小流量开式泵放气门

小流量开式泵侧面图

附加说明

　　巡检时检查小流量开式泵运行出口压力>0.12MPa，小流量开式泵永磁调速器本体、轴承温度正常。小流量开式泵调速机构为就地控制，启动前就地调整为最小出力。就地设置事故按钮。

闭式水热交换器冷却水旁路管道图

闭式水热交换器开式冷却水旁路电动蝶阀

闭式水冷却器

闭式水热交换器管道图

闭式水热交换器闭式水入口电动蝶阀

闭式水热交换器开式冷却水进口电动蝶阀

闭式水热交换器出口闭式水压力表图

B闭式水热交换器开式冷却水出口水室放水门

B闭式水热交换器开式水入口管道

闭式水冷却器开式水进口管道放气门

闭式水系统放水门（闭式水热交换器处）

A闭式水热交换器开式水入口

A闭式水热交换器开式水入口管道

闭式水热交换器出口电动蝶阀

附加说明

　　#1机闭式水A、B换热器开式水进水门后、回水门前管道上各加一个酸洗门，阀门正常运行处于关闭位置，系统检查时确认关闭。

4.3.4　事故案例警示

　　2011年3月16日，某厂人员在消缺时未办理工作票，运行人员未到就地检查即启动设备，造成一名工作人员被转动设备绞卷死亡。

4.4 闭式水系统

4.4.1 系统简介

该机组对水质要求比较高的用户采用闭式循环冷却水冷却，水质为除盐水，循环过程中产生的热量由开式水带走。闭式水采用水质较好的凝结水，经闭式水泵升压、冷却器自动调温后送到对水质要求较高、但用水量相对较少的用户，绝大部分用户的回水又回到闭式水泵进口，进入新的循环。闭式水系统设有两路补水：凝输泵来凝补水和凝结水泵来凝结水。闭式水箱的水位可自动调整，当自动失灵时在CRT上可手动调节补水调门，也可在就地用旁路手动补水。闭式水系统两个取样门在闭式水冷器上部，化学人员根据水质情况可决定是否向系统内加药。

机侧闭式水用户有凝结水泵电机冷却水、凝结水泵轴承冷却水、凝结水泵机械密封冷却水、电泵电机空冷器、电泵工作油冷却器、电泵润滑油冷却器、电泵冷却水、定子冷却器、给水泵汽轮机冷油器、密封油真空泵、电泵前置泵密封冷却水、汽泵前置泵密封冷却水、主机油净化装置工作水、EH油冷却器、罗茨风机冷却水、氢气干燥器、氢冷器、机械真空泵补水、水室真空泵补水、溶解氧分析装置等。

炉侧闭式水用户有引风机润滑油站冷却器、引风机电机油站冷却器、送风机润滑油站冷却器、送风机电机油站冷却器、一次风机润滑油站冷却器、一次风机电机油站冷却器、空气预热器稀油站冷却水、空气预热器红外线探头冷却水、#1机脱硫岛氧化风机冷却水进水、#1机脱硫岛氧化风机冷却水回水、磨煤机高压油站冷却器、A-F磨煤机润滑油站冷却器、启动疏水泵冷却水等。

4.4.2 正常运行巡回检查及维护项目

4.4.2.1 正常运行巡回检查内容

（1）系统无泄漏、异常振动。

（2）闭式水箱水位正常范围内。

（3）A闭式水泵永磁调速器本体、轴承、冷却水回水温度正常。

（4）运行闭式水泵及电机声音、振动、温度正常。运行泵出口压力＞0.5MPa。

（5）备用闭式水泵备用良好（进、出口门开启，轴承油位正常），备用闭式水泵不倒转。

闭式水膨胀水箱图

提醒

闭式水膨胀水箱液位以水箱底部为零位；高水位：≥2860mm高报警；低水位：≤410mm延时10s联停泵与低报警。

闭式水箱补水调门图

闭式水膨胀水箱侧面图

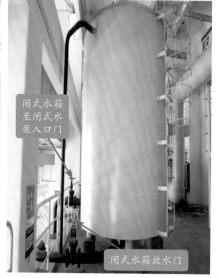

（6）A、B闭式水泵电机轴承油位、轴承温度、声音、振动正常。

（7）闭式水冷器各表计指示正常，无渗漏点。

（8）系统各放水、放气门及管道等无漏点。

轴封加热器出水管放气一次门

轴封加热器出水管放气二次门

凝结水至闭式水补水门

闭式水补水调节站前放水门

凝补水至闭式水补水门

8.6m闭式水箱补水调门图

附加说明

闭式冷却水系统投入时，先启动凝结水输送泵，逐渐开启凝补水至闭式水补水门向闭式冷却水箱补水至正常水位。当机组凝结水母管压力正常时，再开启凝结水至闭式水补水门，慢慢关闭凝补水至闭式水补水门，切换过程中注意管道振动情况。

闭式水泵永磁调速装置图

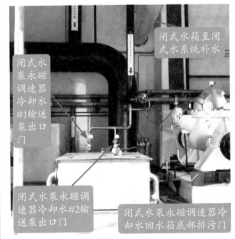

闭式水泵永磁调速器冷却水#1输送泵出口门

闭式水泵永磁调速器冷却水#2输送泵出口门

闭式水泵永磁调速器冷却水回水箱底部排污门

闭式水箱至闭式水系统补水

闭式水泵永磁调速冷却水回收泵控制箱图

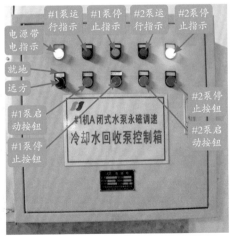

电源带电指示

就地

远方

#1泵运行指示 #1泵停止指示 #2泵运行指示 #2泵停止指示

#1泵启动按钮

#1泵停止按钮

#1机A闭式水泵永磁调速
冷却水回收泵控制箱

#2泵停止按钮

#2泵启动按钮

图1　A、B闭式水泵电机管道图

图2

闭式水泵永磁调速器冷却水减压阀后截门

闭式水泵永磁调速器冷却水减压阀前截门

闭式水泵永磁调速器冷却水供水总门

闭式水泵永磁调速器冷却水减压阀旁路门

闭式水泵泵体放气门

闭式水泵永磁调速器

闭式水泵永磁调速装置

闭式水泵

闭式水泵出口电动门

闭式水泵电机

图3　A闭式水泵电机管道图正面图

图4　闭式水泵出口压力表

提醒

A、B闭式水泵正常运行出口压力>0.5MPa；≤0.4MPa联启备用泵与低报警。

图5　A闭式水泵电机管道侧面图

闭式水泵入口电动门

闭式水泵永磁调速器泵端外轴承冷却水供水门

图6

闭式水泵入口滤网前压力表

闭式水泵入口滤网前压力表

提醒

闭式水泵滤网差压≥0.012MPa高报警。

（9）注意闭式水泵及电机的发热情况，如果需要，应适当节流运行冷却器闭式水侧出口门。

4.4.2.2　正常运行维护项目

（1）由于系统个别用户用水排入地沟会造成闭式水箱水位低，应经常对闭式水箱补水。

（2）闭式水箱水位计就地远方校对。

（3）闭式水冷却器定期切换。

（4）闭式水泵定期切换或启停。

4.4.3　常见故障及危险点

系统常出现的报警有：闭式水箱水位高或低、闭式水泵出口压力低、闭式水温度高等。

（1）闭式水箱水位过高或过低，主要原因是补水调门动作不正常。

（2）闭式冷却水母管压力下降。应检查闭式水泵工作情况，闭式冷却水箱水位是否过低，系统放水门是否关闭严密。若泵出力不足或出口压力低于0.4MPa，应确认备用泵自启动，否则手动启动。

（3）闭式冷却水母管压力波动幅度较大，并伴有电机电流晃动。一般是闭式冷却水箱水位低或泵内进空气所致。若是水箱水位低，应及时补至正常；若泵内进空气，则应打开有关放气门进行放气，严重汽化时应立即切换至备用泵运行。

（4）闭式冷却水泵振动大。应检查泵是否发生汽化，泵组轴承及泵内是否有异音，发生上述异常应立即切换至备用泵运行。

（5）电机电流显示增大。应就地实测，电流大可能为两相运行或轴承损坏，应切换至备用泵运行，联系检修处理。

（6）闭式冷却水水质变差。有可能是补充水源污染所致，应进行换水，同时联系化学人员加药。

（7）若运行中闭式水泵电机电流偏大，系统无其他异常时，应适当关小闭式水冷器出口门。

4.4.4　事故案例警示

某厂#7机组地沟内的蒸汽量大，造成信号电缆接地，闭式水泵所在的卡件接地，进出口电动门误关闭，A、B闭式水泵跳闸。

某厂#7机组由于接线端子排接线松动，A闭式水泵电机开关接线端子排烧损。

某厂#1机组1B顶轴油泵的调整油压阀松动，致使顶轴油泵出口压力偏低，两台油泵运行才能满足机组要求。

4.5 ｜ 发电机定子内冷水系统 ◢

4.5.1　系统简介

定子绕组冷却水系统的主要功能是保证冷却水（纯水）不间断地流经定子绕组内部，从而将该部分由于损耗而引起的热量带走，以保证温升（温度）符合发电机的有关要求。同时，系统还必须控制进入定子绕组的压力、流量、温度、水的电导率等参数，使之符合相应规定。

4.5.2　定子内冷水控制装置

定子内冷水系统的正面图

定子内冷水系统正面部分图1

提醒

（1）发电机定子内冷水箱水位以水箱中心线为零位（正常位）联关补水电磁阀，≤NOM-100mm 联开补水电磁阀，≥NOM+100mm 高报警。

（2）定子内冷水进口温度≥50℃高报警。

（3）定子内冷水进口电导率（滤网后）≥0.5μs/cm高报警；≥9.9μs/cm二次报警值。

（4）离子交换器出水电导率≥0.5μs/cm高报警；≥9.9μs/cm二次报警值。

定子内冷水系统正面部分图2

提醒

定子内冷水主过滤器投入正常运行时，应记录其进、出口压差值，正常运行一段时间后，压差值增加量达到55kPa时，应当对滤芯进行清洗或者更换。

定子内冷水系统正面部分图3

附加说明

（1）压力调节门。主要用于保持定子绕组进水压力稳定并且低于发电机内氢气压力定子绕组的进水压力控制在310kPa且流量不低于2030L/min，它是一套气动式调节蝶门。

（2）温度调节门。1）主要用于控制定子冷却水进入线圈内部的水温，使其稳定在45±3℃的范围之内。它是一套气动式三通调节门，三通调节阀只是调节进入定子内冷水冷却器和旁路的流量比，以此达到调节阀下游端的水温保持稳定的目的。

2）定子内冷水系统投停应操作缓慢，避免产生过大冲击。

3）主过滤器旁路仅在紧急情况下使用，正常运行严禁主过滤器切至旁路运行，防止旁路处积存杂物进入系统。

离子交换器流量表

离子交换器流量：2～3t/h

定子内冷水pH表装置

定子内冷水pH值：7～9

该装置包括水箱、2台水泵、2台冷却器、气动温度、压力调节装置（包括电/气定位器、阀位变送器等）、主水过滤器、补水过滤器、离子交换器及其之间的相互连接管路、阀门及部分就地压力表、测温元件。装置上还设置有仪表箱，装有电导率发送器和与内外电气接口相连的端子。

4.5.3 正常运行巡回检查及维护项目

4.5.3.1 正常运行巡回检查内容

（1）运行泵出口压力正常。备用泵备用良好（进、出口门开启，轴承油位正常，冷却水投入）。

（2）定子内冷水箱液位正常（−10～10cm），阀门无泄漏。

（3）系统各放水、放气门及管道等无泄漏、异常振动。

（4）定子内冷水泵轴承油位正常，定子内冷水投入正确。

（5）运行电机及轴承温度正常，振动正常，无异音。

（6）定子内冷水母管压力、温度、滤网差压（<55kPa）正常。

（7）定子内冷水进水40℃左右，回水温度<60℃正常。

（8）各轴承油位正常。

（9）定子内冷水过滤器差压。

定子内冷水泵出口止回门

#1机A定子冷却水泵电机

定子内冷水泵电机

定子内冷水系统侧面图

提醒

（1）运行的定子内冷水泵应检查出口门在全开状态。停运的定子内冷水泵出口止回门不严，导致定子内冷水母管压力降低时，应及时启动该泵或关闭该泵出口手动门。

（2）定子内冷水泵正常运行出口压力为1.0MPa，当出口压力≤0.76MPa连锁启动备用泵。

（3）定子内冷水泵启动前，应将定子内冷水压力调阀关至最小，防止定子内冷水泵启动后发电机进水超压。

图1 定子内冷水泵出口压力表

定子内冷水泵B出口压力

定子内冷水泵A出口压力

图2 离心泵测点图

加油点32#机油

测温点：30～50℃

测振点<0.05mm

定子内冷水回水温度表

定子内冷水回水温度表图

提醒

定子内冷水回水温度≥72℃高报警；定子内冷水回水温度≥76℃断水保护。

定子内冷水箱侧面图

附加说明

正常运行期间：

（1）定期开启主过滤器树脂排放门（主过滤器树脂排放门操作时，应缓慢操作，注意定子内冷水流量、压力变化情况），检查有无树脂排出，如有树脂排出，及时将离子交换器切除，联系检修人员对离子交换器树脂捕捉器进行解体检查。

（2）巡检时，检查就地主过滤器差压正常（≤0.055MPa），离子交换器内树脂高度，并应通过定子内冷水箱观察窗，检查水箱内部是否含有树脂。

（3）加强定子内冷水压力、流量监视，如发现不明原因下降，及时切除离子交换器运行，核对就地主过滤器差压是否正常（≤0.055MPa），开启主过滤器树脂排放门进行排污，如发现大量树脂，进行持续排放，监视发电机进水流量、压力维持正常，检查主过滤器差压下降，如无法维持发电机供水要求，达报警值（定子内冷水流量低<96.4t/h，发电机进水压力低<0.22MPa，定子内冷水回水温度≥72℃），可应急缓慢开启主过滤器旁路，维持运行，主过滤器正常后及时关闭，恢复正常方式。

（4）定子内冷水进口电导率（滤网后）≥0.5μs/cm高报警；≥9.9μs/cm二次报警值。

（5）离子交换器出口电导率≥0.5μs/cm高报警；≥9.9μs/cm二次报警值。

定子内冷水反冲洗供水管道

定子内冷水反冲洗供水手动门

定子内冷水反冲洗回水滤网前手动门

定子内冷水反冲洗回水管道反虹吸手动门

定子内冷水反冲洗回水管道

定子内冷水回水至定子水箱手动门

定子内冷水至发电机供水手动门

发电机定子内冷水进水滤网

定子内冷水反冲洗滤网过滤器

定子内冷水反冲洗回水滤网后手动门

定子内冷水反冲洗管道图

提醒

对于发电机定子为水冷却的机组，注意对比检查发电机定子内冷水总体流量及压力的变化。如发现定子内冷水压力增加而流量变小及发电机绕组温差有升高趋势，检修时应加强反冲洗，必要时应进行化学清洗。

定子内冷水供水加热器管道图

启动 停止

发电机定子内冷水入口压力变送器

定子内冷水加热器控制箱

定子内冷水供水至加热器出口手动门

定子内冷水供水至加热器入口手动门

（10）定子内冷水电导率<0.5μs/cm。

（11）离子交换器出水电导率<0.5μs/cm。

（12）定子内冷水pH值（7～9）。

（13）离子交换器流量（2～3t/h）。

4.5.3.2　正常运行维护项目

（1）由于系统有渗漏点等原因应对定子水箱补水。

（2）定子内冷水泵定期切换。

（3）定子内冷水电导率高时定子水箱换水。

（4）定子内冷水箱排气口定期测氢。

（5）定期开启主过滤器树脂排放门。

4.5.4　重要测点限值及热工定值

（1）定子内冷水泵出口压力＜0.76MPa时，联备用定子内冷水泵。

（2）发电机定子入口冷却水压力低（＜0.22MPa），报警。

（3）进水流量低＜1606L/min报警，进水温度>50℃、回水温度>72℃报警。

（4）定子内冷水滤网差压高（＞55kPa），报警。

（5）定子内冷水箱水位以水箱圆心为零位，向上高100mm高报警，向下低100mm低报警。

4.5.5　常见故障及危险点

（1）定子内冷水冷却器泄漏，内冷水箱水位降低、内冷水压力下降。

（2）定子内冷水压力降低，主要原因为系统泄漏（采取封堵方式）、内冷水箱水位降低、定子内冷水冷却器内漏（隔离定子内冷水冷却器查漏）。

（3）定子内冷水温度过高或过低，主要检查内冷水温控阀工作是否正常、闭式水压力是否正常。

（4）定子内冷水箱水位降低，主要检查系统有无泄漏，系统无明显外漏而水位下降，补水维持水位，切换定子内冷水冷却器。

4.5.6 事故案例警示

某厂出现定子内冷水离子交换器树脂泄漏进入系统，造成"发电机断水保护"动作，机组跳闸。

2004年3月1日，某厂一名女工未将长发盘进安全帽内，导致头发被转动设备绞住，大部分头皮被撕脱。

2011年10月5日，某厂外来施工人员从厂房零米经过时，因上部施工人员随意放置钢管没固定，钢管坠落击中头部导致死亡。

2013年12月5日，某厂#1机组1A定子内冷水滤水器滤芯更换时发电机断水保护动作机组跳闸。

4.6 发电机密封油系统

4.6.1 系统简介

发电机采用氢气冷却，为防止运行中氢气沿转子轴向外漏，引起火灾或爆炸，机组配置了密封油系统，向转轴与端盖交接处的密封瓦循环供应高于氢压的密封油。密封油系统采用单流环式密封瓦。密封油路只有一路，经中间油孔沿轴向间隙流向空气侧和氢气侧，分别进入汽轮机侧和励磁机侧的密封瓦，形成的油膜起到了密封润滑作用。然后分两路（氢侧、空气侧）回油。

4.6.2 系统运行方式

密封油系统有四种运行方式，能保证各种工况下对发电机内氢气的密封。

（1）正常运行，密封油真空箱要保持−90kPa以上的真空，以利排出油中水气，运行方式如下：

> 轴承润滑油管路→真空油箱→主密封油泵（或备用密封油泵）→压差阀→滤油器→
> 发电机密封瓦→┌机内侧（以下称氢侧）→膨胀箱→浮子油箱（A或B）→空气析出箱→
>   └空侧排油（与发电机轴承润滑油排油混合，下同）→┘
> 轴承润滑油排油→汽轮机主油箱

（2）当主密封油泵均故障或交流电源失去时或真空油箱浮球阀故障等情况下，运行方式如下：

轴承润滑油管路→事故密封油泵（直流泵）→压差阀→滤油器→发电机密封瓦→
┌→氢侧排油→膨胀箱→浮子油箱（A或B）→空气析出箱→轴承润滑油排油→汽轮
└→空侧排油────────────────────────────
机主油箱

（3）当交直流密封油泵均故障时，应紧急停机并排氢，降压直至主机润滑油压能够对氢气进行密封。

（4）当主机润滑油系统停运时，保留一台主密封油泵运行，可独立循环运行，此时应注意保持密封油真空油箱高真空。

4.6.3　正常运行巡回检查及维护项目

4.6.3.1　正常运行巡回检查内容

（1）密封油箱油位无异常变化，真空＞88kPa。

（2）密封油泵声音、振动正常，电动机手摸不发烫，出口压力>0.85MPa，备用泵备用良好。

（3）密封油微水含量值<15。

（4）系统各管道、阀门无漏油、漏水。

（5）密封油与氢气差压在（0m：70kPa，17m：56kPa）附近波动，不得过高和过低，以防漏氢和发电机进油。

（6）发电机油水检测器无液位。

（7）密封油真空泵运行正常，冷却水投入，油水分离器油位在中间位置，观察窗无积水，发现有积水应及时排掉。

4.6.3.2　正常运行维护项目

（1）密封油真空泵放水。

（2）主密封油泵切换，直流密封油泵启动试验。

（3）主油箱排烟风机、密封油空气析出箱防爆风机定期切换。

4.6.4　常见故障及危险点

（1）密封油压力过高或过低，主要原因为系统泄漏、密封油箱油位降低、油气压差阀工作不正常，密封油真空泵工作不正常。

（2）密封油箱油位过高或过低，主要检查补油浮球阀工作是否正常。

（3）密封油差压过大或过小，主要检查密封油差压阀工作是否正常。

密封油浮子油箱管道图

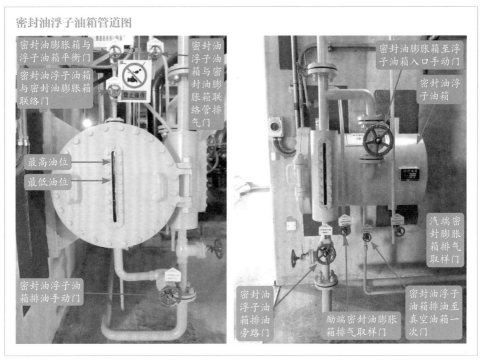

密封油油水报警器管道图

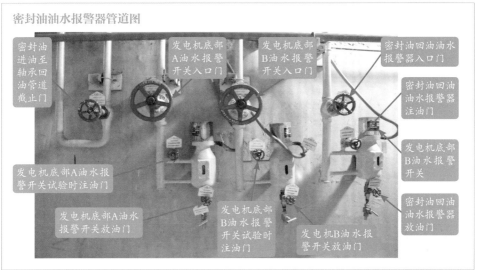

图1 密封油真空油箱管道图

提醒

密封油真空油箱油位以真空油箱油位人孔盖水平中心线为正常液位，≥NOL+100mm高报警，≤NOL−75mm低报警。

图2

图3

提醒

密封油泵正常运行出口压力0.9～1.1MPa，≤0.85MPa延时2s连锁启动备用泵。

图4

图5

（4）发电机进油，主要原因为密封油差压过大或浮子油箱回油不畅。

（5）真空泵汽水分离器水位低跳真空泵，水位过高可能烧电机。

图1　密封油系统部分管道图

主机润滑油直供密封油母管手动门

交流密封油
泵出口母管
逆止门

交流密封油
泵出口母管
手动门

#1机B密封油泵

测振点<0.1mm

图2　密封油泵俯视图

测温点30～50℃

测振点<0.05mm

B

图3　密封油泵出口压力表

提醒

密封油泵正常运行出口压
力为0.9～1.1MPa，≤0.85MPa
延时2s连锁启动备用泵。

密封油系统投入步骤

（1）启动密封油真空泵，将密封油真空箱真空拉至-70kPa左右，关闭抽空气门，短时停密封油真空泵。

（2）密封油泵注油放气结束，启动一台交流密封油泵（应稍开其出口门），检查其一切正常，确认再循环密封油泵联启正常。

（3）微开主密封油泵出口门，检查出口压力正常，待系统注油结束后，全开密封油泵出口门。密封油真空箱油位正常后，启动密封油真空泵，开启真空箱抽空气门至-90～-96kPa。

（4）密封油系统运行正常后，将另一台主密封油泵和直流密封油泵投入备用。

图1　密封油箱侧面图　　　图2

1. A密封油机械滤网出口门
2. B密封油机械滤网出口门
3. 密封油压差阀入口门
4. 密封油压差阀旁路门

图3

密封油真空泵管道泵电机

密封油真空油箱放油门

1. 密封油真空泵闭式冷却水管道泵出口门
2. 密封油真空泵水汽净化阀排空管道放油门
3. 密封油真空泵闭式冷却水回水门
4. 密封油真空泵闭式冷却水进水门
5. 密封油真空泵闭式冷却水管道泵进口门

提醒

真空泵的作用在于形成真空箱内的高度真空，出口有一油气分离器，应定期放水。

图1　密封油循环泵管道图

图2

附加说明

　　密封油再循环泵,用于正常运行中对真空箱内的密封油打循环,经处于高度真空状态下的真空箱顶部设置的喷头降压喷雾,从而析出油中的水分和气体,不断地排出主厂房外,起到循环处理作用。此泵与主密封油泵联启联停。

图3　密封油再循环泵出口压力表图

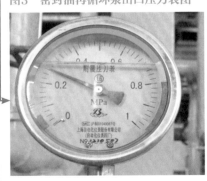

密封油再循环泵参数表

密封油再循环泵		密封油再循环泵电机	
型号	ACF080N4IRB0	型号	YB132M1-6
流量	390L/min	功率	4kW
出口压力	0.25MPa	电压	380V
吸入压力	0.082MPa	电流	9.4A
转速	980r/min	转速	960r/min
电机绝缘等级	F	接线型式	A

图1　密封油泵管道图

图2

交流密封油泵出口母管过压阀后手动隔离门

交流密封油泵出口再循环门

密封油真空油箱进油浮球阀前手动截止门

交流密封油泵出口手动门

交流密封油泵出口母管过压阀前手动隔离门

图3

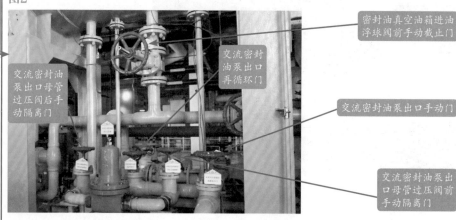

测插点 <10 测温点 30～50℃

密封油泵电机

测振点<0.05m

图4　密封油泵出口压力表图

附加说明

　　密封油泵正常运行出口压力 0.9～1.1MPa，≤0.85MPa延时2s 连锁启动备用泵。

| 真空油箱压力PI | 油氢压差PDI | 主密封油泵压力PI |

密封油封控制装置图

提醒

（1）密封油真空油箱正常运行压力>-88kPa，≤-88kPa报警。

（2）密封油氢压差维持在56kPa左右，不得过高或过低，以防漏氢和发动机进油。油氢压差≤36kPa报警。

（3）主密封油泵正常运行出口压力0.9～1.1MPa，≤0.85MPa延时2s连锁启动备用泵。

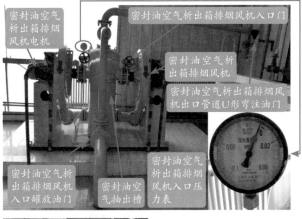

密封油空气析出箱排烟风机管道图

附加说明

密封油空气析出箱排烟风机运行时，巡检人员要检查风机入口门开启及风机电机在运行状态。

密封油排烟风机参数表

密封油排烟风机			
型号	S2FDHB-7-2	流量	420m³/h
全压	4.6kPa	转速	2900r/min
密封油排烟风机电机			
型号	YB2-100L-2	功率	3kW
电压	380V	转速	2860r/min
电流	6.2A	绝缘等级	B

4.6.5 事故案例警示

2011年4月2日，某厂运行人员多次发现"发电机密封油膨胀箱液位高"信号报警，采取错误措施放油处理，未认真到就地检查大机主油箱油位，造成大机油位急剧下降，润滑油压低汽轮机跳闸。

2011年4月16日，某厂#3汽轮机由于密封油回油不畅，导致密封油进入发动机，润滑油中断，造成汽轮机轴瓦烧损。

某厂#2机组密封油油氢压差波动大，运行人员应掌握油氢压差调整。

4.7 汽轮机润滑油与顶轴油系统

4.7.1 系统简介

润滑油系统主要作用：首先，在轴承中要形成稳定的油膜，以维持转子的良好旋转；其次，转子的热传导、表面摩擦及油涡流会产生相当大的热量，为了始终保持油温合适，就需要一部分油量来进行换热。

主机油箱管道图

汽轮机润滑油系统采用主油泵—油涡轮供油方式。主油泵由汽轮机主轴直接驱动,其出口高压油驱动油涡轮工作,主要用于为汽轮发电机组各轴承提供润滑油、发电机氢密封提供密封用油及为顶轴装置、调节系统提供油源。

系统主要由主油泵(MOP)、油涡轮(BOP)、集装油箱、事故油泵(EOP)、启动油泵(MSP)、辅助油泵(TOP)、冷油器、切换阀、油烟分离器、顶轴装置、油氢分离器(电机厂供)、低润滑油压遮断器、单舌止逆阀、套装油管路、油位指示器及连接管道、监视仪表等设备构成。

4.7.2 正常运行巡回检查及维护项目

4.7.2.1 正常运行巡回检查内容

(1)主机油箱油位指示正确。

(2)主机油箱各盖板螺丝均紧固;油箱排烟风机运转正常,声音、振动正常。

(3)主机冷油器进油压力、出油压力。

(4)就地备用冷油器备用良好,冷却水调阀动作正常。

(5)主机油净化装置运行无报警,参数通过按"+"和"-"按钮来选择查看以下数据:TT1:55(加热器中透平油温),TT2:(加热器输出端透平油温),PT1:1.5(分离机输入端透平油压力),PT4:1.5(分离机输出端透平油压力),MT:80(分离机输出端水分检测值),RPM:5200(分离机转鼓每分钟转速)。

(6)主油箱油温表(56℃左右)指示正确。

(7)MSP、TOP、EOP状态正确,油泵备用良好,运行时电机及泵声音、振动正常。

(8)主油箱处EOP就地控制柜状态正确,开关在"远方",相应指示灯亮。

(9)BOP供润滑油压力。

(10)主机油箱负压。

(11)油系统有无漏油。

主机润滑油箱油位计图

附加说明

（1）主机油箱油位监测配置了一只超声波油位计。

以主机油箱底部为零油位：
≥1400mm高油位报警；
=1300mm正常油位；
≤1200mm低油位报警；
≤1150mm低低油位停机。

（2）正常运行时注意检查主机润滑油回油室油位计在正常油位，注意变化情况。油位计过高说明回油室滤网堵塞，油中进水也能引起油位升高。

主机冷油器管道图

附加说明

冷油器切换步骤：（1）检查确认A、B冷油器的注油阀全开。

（2）确认备用冷油器充满油后，投入备用冷油器的开式冷却水。

（3）缓慢旋转切换阀手轮，检查切换阀指针向另一侧运动直至到位完成切换，注意开式冷却水调节阀动作情况，确认冷油器出口温度为38～49℃，润滑油压力正常，油箱油位稳定。

（4）切换正常后，关闭原运行冷油器开式冷却水入口门，原运行冷油器转入备用状态。

主机油净化装置管道图1

主机油净化装置控制柜A
主机油净化装置控制柜B
主机润滑油B输油泵至顶轴油供油二次门
主机润滑油B输油泵至顶轴油供油一次门
主机润滑油箱输油泵出口油压力表
主机润滑油箱输油泵出口门
闭式水至主机油净化装置手动门
主机油净化装置
组合油箱输油泵
临时滤油机
主机润滑油箱输油泵电机
主机润滑油箱输油泵

主机油净化装置管道图2

润滑油箱输油泵出口至给水泵汽轮机油箱供油门
主机润滑油箱至油净化装置供油门
组合油箱至主机油净化装置供油门
润滑油至输油泵出口至主机润滑油箱供油门
润滑油箱输油泵出口管道放油门
给水泵汽轮机油箱至组合油箱供油门
主机油净化装置至组合油箱供油门
主机油净化装置出口后放油门
油净化装置至主机润滑油箱供油门
主机油净化装置入口前放油门

提醒

（1）注意检查油净化装置的排油水槽液位正常，不溢流。
（2）投运前，首先检查油净化装置出油手动门全开，防止憋压损坏设备。
（3）运行中油净化跳闸应立即至就地关闭油净化装置进回油手动门，防止跑油。

4.7.2.2 正常运行维护项目

（1）主机油箱油位就地远方校对。

（2）MSP、TOP、EOP联动试验。

（3）主油箱油位计活动试验。

（4）主机注油试验。

（5）配合化学人员主油箱定期放水、取样化验。

（6）主油箱排气口定期测氢。

（7）主油箱排烟风机、防爆风机出气口测氢。

（8）冷油器定期切换。

（9）主机顶轴油泵启停试验。

4.7.3 重要测点限值及热工定值

（1）润滑油压＜0.115MPa，交流润滑油泵（TOP）自启动并报警，轴承润滑油压＜0.10MPa，报警，直流润滑油泵（EOP）自启动；交流润滑油泵（TOP）异常跳闸或启动失败，直流润滑油泵（EOP）自启动，润滑油压＜0.07MPa停机。

（2）主油箱液位≥1400mm高液位报警，≤1200mm低液位报警，≤1150mm低低液位停机。

4.7.4 常见故障及危险点

（1）冷油器泄漏，主要现象为冷油器进出口油压差值增大，主机油箱油位降低、润滑油压下降。

（2）润滑油压力降低，主要原因为系统泄漏、油涡轮故障、冷油器内漏。

（3）润滑油温度过高或过低，主要检查冷油器冷却水进水调门工作是否正常、开式水压力是否正常、油箱电加热是否为工作状态。

（4）主油箱油位升高或降低，主要检查主油箱排烟风机运行情况、密封油回油是否正常、系统有无泄漏。

（5）主油箱负压过小，主要原因是主油箱排烟风机入口门开度变化，入口沉积器集油，出口管道集油，轴端冒油烟；油箱负压过大，油中含水增加。

4.7.5 事故案例警示

2007年6月6日，某厂由于润滑油油质不合格，导致机组#6轴颈磨损，轴瓦损伤严重。

某厂＃7机组主机主油泵入口压力降低主油箱油位偏低，导致BOP出力下降。

某厂＃8机组BOP入口法兰漏油，导致主机润滑油压力低，TOP 和MSP连锁启动。

顶轴油管道图

B顶轴油泵出口手动门
A顶轴油泵出口手动门
顶轴油泵入口自动反冲洗滤网
B顶轴油泵电机
A顶轴油泵电机
A顶轴油泵
顶轴油泵进口压力变送器一次门
顶轴油反冲洗回油门
顶轴油泵入口自动反冲洗滤网前手动门

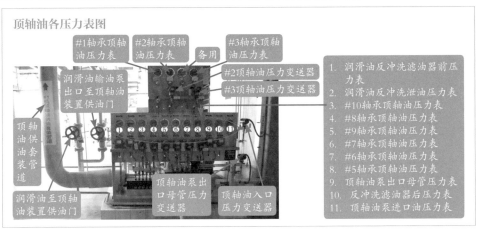

顶轴油各压力表图

#1轴承顶轴油压力表
#2轴承顶轴油压力表
备用
#3轴承顶轴油压力表
#2顶轴油压力变送器
#3顶轴油压力变送器
润滑油输油泵出口至顶轴油装置供油门
顶轴油供油套管道
润滑油至顶轴油装置供油门
顶轴油泵出口母管压力变送器
顶轴油入口油压力变送器

1. 润滑油反冲洗滤油器前压力表
2. 润滑油反冲洗泄油压力表
3. #10轴承顶轴油压力表
4. #8轴承顶轴油压力表
5. #9轴承顶轴油压力表
6. #7轴承顶轴油压力表
7. #6轴承顶轴油压力表
8. #5轴承顶轴油压力表
9. 顶轴油泵出口母管压力表
10. 反冲洗滤油器后压力表
11. 顶轴油泵进口油压力表

主机润滑油箱事故放油管道图

提醒

油箱或油箱附近着火严重威胁油箱安全时，在破坏真空停机的同时，开启油箱的事故放油门，但必须考虑到机组转子停止转动前，润滑油不中断，以免损坏轴承。

4.8 | 抗燃油系统

4.8.1 系统简介

抗燃油（EH油）系统供油装置的主要功能是为执行机构提供符合要求的高压工作油（11.2MPa），同时保持液压油的正常理化特性。EH油系统由油箱、2台EH油泵-电机组件、控制块、滤油器、磁性过滤器、溢流阀、高压蓄能器、自循环冷却系统（2台EH油再循环泵）、抗燃油再生过滤系统（1台EH油再生泵）、EH油箱加热器、ER端子盒和一些对油压、油温、油位进行报警、指示和控制的标准设备所组成。

4.8.2 正常运行巡回检查及维护项目

4.8.2.1 正常运行巡回检查内容

（1）系统及管道无泄漏，无异常振动。

（2）EH油箱油位正常，油位无变化（油箱油位略高于低油位报警30～50mm，油箱油位不得太高，否则遮断时将引起溢油）。

（3）就地仪表盘上各表计指示正确，在正常运行范围内。

（4）蓄能器压力正常，手动门开启。

（5）EH油压力正常（10.7~11.7MPa）。

（6）EH油泵、EH循环泵运转情况，电流、电机声音、振动、温度正常，滤网差压<0.7MPa。

（7）油箱温度为32~54℃，控制箱无报警。

4.8.2.2　正常运行维护项目

（1）EH油箱油位就地远方校对。

（2）EH油取样。化验抗燃油的酸值、颗粒度、含水量及比重，检验油质。

（3）EH油循环泵切换试验。

（4）EH油泵联动试验。

（5）定期检查一次蓄能器充氮压力。

抗燃油装置管道图

附加说明

（1）EH油箱油位以油箱底部为零位，≥584mm高报警，≤264mm低报警，闭锁主油泵启动；≤184mm低低报警，跳EH油箱循环泵。

（2）EH油箱油温≤18℃报警，闭锁主油泵启动；≤32℃启动加热器。

（3）EH油母管压力≤9.2MPa±0.2MPa油压低报警。

（4）正常运行时EH油出口滤油器显示绿色，当EH油出口滤油器差压高时变为红色。

抗燃油装置侧面图

提醒

    EH油再生泵流量计正常在800～1200kg/h。

附加说明

    抗燃油供油装置上设2只可反映油箱油位过低、油位低、油位高的油位开关。抗燃油供油装置油箱油位过低的信号还用作#1及#2抗燃主油泵及循环油泵、加热器连锁。

4.8.3 重要测点限值及热工定值

（1）EH油压力≤9.2MPa±0.2MPa油压低报警联泵，≤7.8MPa油压低跳机。

（2）以油箱底部为零位，≤264mm闭锁油泵启动，≤184mm跳EH循环泵，≥584mm高报警。

（3）顶轴油泵入口压力低≤0.03MPa停泵，顶轴油泵出口压力低≤7.0MPa延时2s连锁启动备用泵，≤3.43MPa闭锁盘车启动。

（4）顶轴油泵出口滤网进出口差压高≥0.25MPa高报警，≥0.35MPa旁通阀打开。

4.8.4 常见故障及危险点

（1）冷油器泄漏和油净化跑油，油箱油位降低。

（2）EH油压力降低，主要原因为系统泄漏、滤网堵塞。

（3）EH油温度过高（＞55℃）或过低（＜32℃），主要检查EH循环泵是否运行，冷油器冷却闭式水压力是否正常、油箱电加热工作状态。

（4）油箱油位升高或降低，系统有无泄漏。

（5）顶轴油泵入口、出口滤网差压高。

（6）顶轴油泵入口压力低，主要原因为滤网堵塞或主机润滑油不正常。

4.8.5 事故案例警示

某厂＃4机组高压油储能罐上的压力表内弹簧管断裂，导致EH油泄漏，油位降低后，使正在运行的EH油泵B跳闸，造成#1机组跳闸停机。加强压力表计定期校验。

某厂＃1机组EH油#2高压蓄能器压力表管断，导致大量喷油，EH油泄漏。处理方法：关闭压力表一次门，更换压力表。

4.9 | 给水泵汽轮机润滑油系统

4.9.1 系统简介

给水泵汽轮机润滑油系统采用主油泵经过减压阀供油方式。给水泵汽轮机润滑油主油泵由电机直接驱动，其出口润滑油经减压阀减压后向汽轮机、给水泵各轴承及盘车装置提供润滑油、联轴器冷却油、保安用油。系统工质为L-TSA46汽轮机油。

该系统主要由2台主油泵、1台直流事故油泵、集装油箱、溢油阀、冷油器、切换阀、排烟装置、单/双舌止逆阀、可调式止逆阀、套装油管路、导波雷达油位探测仪、磁翻板油位计、回油滤网、双联滤油器、监视仪表等设备构成。

4.9.2 正常运行巡回检查及维护项目

4.9.2.1 正常运行巡回检查内容

（1）系统无泄漏，无异常振动。

（2）汽动给水泵周围清洁无杂物，汽、水、油系统无泄漏。

（3）油系统各活结、测点处无渗油现象。

（4）给水泵汽轮机油箱油位＞600cm、油温正常为40～50℃，回油温度≤70℃，给水泵汽轮机进油压力无变化，若油位低于正常油位时及时补油。

（5）给水泵汽轮机油泵运行良好，油泵出口压力＞0.75MPa，声音、振动正常。油箱负压无变化。（油箱上面的是电机，油泵在油箱内）

（6）定期检查油箱排烟风机运行正常，确保给水泵汽轮机油箱有一定的负压。排烟风机入口压力正常（0.3～0.5kPa），备用风机不倒转，就地控制箱风机控制方式在"远方"、指示灯正确。

（7）备用交流油泵、直流油泵备用良好，电源投入正确。

（8）检查冷油器冷却水投入正常。

（9）就地控制盘报警窗无报警信息。

（10）直流油泵就地控制柜状态正确。

给水泵汽轮机油箱正面图

给水泵汽轮机油箱侧面图1

图中标注：
- A给水泵汽轮机直流事故油泵出口压力表
- A给水泵汽轮机#1主油泵出口压力表
- A给水泵汽轮机#2主油泵出口压力表
- 给水泵汽轮机油箱油位计
- A给水泵汽轮机润滑油滤网入口切换阀
- A给水泵汽轮机润滑油滤网出口切换阀

提醒

　　给水泵汽轮机油箱油位以油箱磁翻板下取样口中心线为零位：≥500mm油位高报警；=380mm正常油位；≤300mm油位低报警；≤280mm油位过低报警。

给水泵汽轮机油箱侧面图2

图中标注：
- A给水泵汽轮机#1主油泵电机
- A给水泵汽轮机#2主油泵电机
- A给水泵汽轮机直流油泵电机
- A给水泵汽轮机A冷油器
- A给水泵汽轮机A润滑油冷却器出油压力表
- A给水泵汽轮机B润滑油冷却器出油压力表
- A给水泵汽轮机#2冷油器闭式冷却水进水门
- A给水泵汽轮机#1冷油器闭式冷却水出水门
- A给水泵汽轮机#1冷油器闭式冷却水进水门
- A给水泵汽轮机#2冷油器闭式冷却水出水门

给水泵汽轮机油箱侧面图3

图中标注：
- A给水泵汽轮机A油箱冷油器侧出口放气阀
- A给水泵汽轮机油箱油位计
- A给水泵汽轮机B油箱冷油器油侧出口放气阀
- A给水泵汽轮机A润滑油冷油器进油压力表
- A给水泵汽轮机B润滑油冷油器进油压力表
- A给水泵汽轮机润滑油冷油器出口切换阀
- A给水泵汽轮机润滑油冷油器入口切换阀

给水泵汽轮机冷油器切换

　　（1）检查备用冷油器良好。

　　（2）微开冷油器充油阀和备用冷油器油侧出口放气阀，对备用冷油器进行充油放气。

　　（3）全开冷油器充油阀，对备用冷油器升压，观察有无泄漏。

　　（4）开启备用冷油器冷却水进、出水门。

　　（5）缓慢转动冷油器切换手柄，观察备用冷油器工作情况。

　　（6）每转动1/10开度，停留观察片刻，逐渐投入备用冷油器，注意油温变化情况。

　　（7）关闭冷油器充油阀，逐渐关闭原运行冷油器进、出水门，转入备用。

4.9.2.2　正常运行维护项目

（1）给水泵汽轮机油箱油位就地远方校对。

（2）给水泵汽轮机主油泵定期切换。

（3）直流油泵启动试验。

（4）给水泵汽轮机排烟风机切换。

（5）冷油器定期切换。

4.9.3　重要测点限值及热工定值

（1）给水泵汽轮机润滑油压 < 0.1MPa 时，联交流油泵；油压 < 0.07MPa 时，联直流润滑油泵。

（2）给水泵汽轮机油箱油位 ≥ 500mm 油位高报警，≤ 300mm 油位低报警，≤ 280mm 油位过低报警。

（3）给水泵汽轮机滤油器进出口差压 ≥ 0.05MPa 报警。

4.9.4　常见故障及危险点

（1）冷油器泄漏，给水泵汽轮机油箱油位升高，油中含水增加。

（2）润滑油压力降低，主要原因为系统泄漏、滤网堵塞。

（3）润滑油温度过高或过低，主要检查冷油器冷却水回水调门工作是否正常、闭式水压力是否正常、油箱电加热是否为工作状态。

（4）油箱油位升高或降低，主要检查油箱排烟风机运行情况、系统有无泄漏。

（5）油箱负压过小，主要原因是油箱排烟风机入口门开度变化、入口沉积器集油、出口管道集油、轴端冒油烟；油箱负压过大，油中含水增加。

4.9.5　事故案例警示

2013年5月24日，某厂因#2机A排烟风机切换至B排烟风机导致润滑油含水量大。

2014年6月15日，某厂#1机B给水泵汽轮机调门油动机拉杆处漏油成线状，导致停B给水泵汽轮机处理。

2015年11月2日，某厂#1机A给水泵汽轮机冲转过程中，投入MEH给水泵汽轮机自动时，因伺服阀卡涩，低压调门瞬间突升至82.8%，A给水泵汽轮机转速升至3295r/min，立即将A给水泵汽轮机手动打闸。

4.10 | 氢气系统

4.10.1 系统简介

发电机氢气控制系统专用于氢冷汽轮发电机，具有以下功能：

（1）使用中间介质（CO_2）实现发电机内部（以下简称机内）气体置换。

发电机氢气供气装置管道图

附加说明

（1）供氢装置由控制地向发电机内供给氢气。通常，氢气来自储氢站。该供氢装置设置2个氢气进口、2只氢气过滤器、2只氢气减压器。氢气进口压力最大允许值为3.2MPa，供给发电机的氢气由双母管引入接至供氢装置，然后经减压器调至所需压力送入发电机。

（2）补氢时确认发电机A氢气减压阀前隔离门、发电机B氢气减压阀前隔离门、发电机A氢气减压阀后隔离门、发电机B氢气减压阀后隔离门开启，开启发电机A供氢总门或发电机B供氢总门，压力表慢慢升压后再慢慢开启发电机补氢总门。

8.6m发电机气体置换装置图

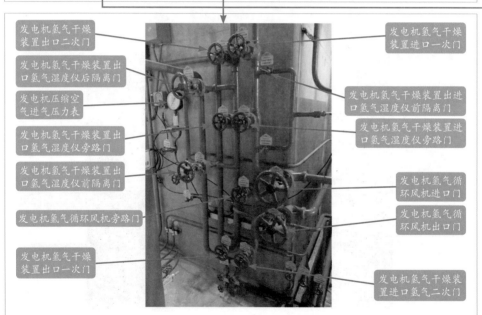

发电机氢气干燥装置出口二次门

发电机氢气干燥装置出口氢气湿度仪后隔离门

发电机压缩空气进气压力表

发电机氢气干燥装置出口氢气湿度仪旁路门

发电机氢气干燥装置出口氢气湿度仪前隔离门

发电机氢气循环风机旁路门

发电机氢气干燥装置出口一次门

发电机氢气干燥装置进口一次门

发电机氢气干燥装置出进口氢气湿度仪前隔离门

发电机氢气干燥装置进口氢气湿度仪旁路门

发电机氢气循环风机进口门

发电机氢气循环风机出口门

发电机氢气干燥装置进口氢气二次门

发电机气体转换装置图1

附加说明

(1) 气体置换装置是几只阀门的集中组合、装配。发电机正常运行充氢完毕时,除发电机二氧化碳母管至气体置换装置排气门开启外其余几只阀门必须全部关闭,只有发电机需要进行气体置换时,才能按照操作票顺序进行阀门的开、关。

(2) 气体置换时,要注意对下列死角进行排放:氢气干燥器进出口排污门、油水检测器排气门、密封油膨胀箱排气门、发电机绝缘监测装置排污门、氢气控制盘排污门。

(3) 漏氢检测装置的8个测点名称:发电机3个封闭母线、中性点接地、2个轴承回油、定子内冷水箱、氢冷器冷却水回水母管。

发电机气体置换装置图2

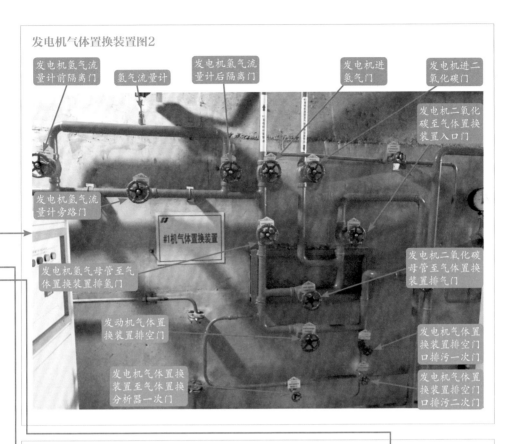

发电机氢气流量计前隔离门

氢气流量计

发电机氢气流量计后隔离门

发电机进氢气门

发电机进二氧化碳门

发电机二氧化碳至气体置换装置入口门

发电机氢气流量计旁路门

#1机气体置换装置

发电机氢气母管至气体置换装置排氢门

发电机二氧化碳母管至气体置换装置排气门

发动机气体置换装置排空门

发电机气体置换装置排空门口排污一次门

发电机气体置换装置至气体置换分析器一次门

发电机气体置换装置排空门口排污二次门

发电机气体置换装置图3

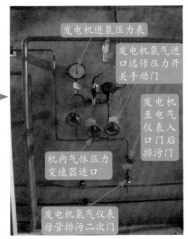

发电机进氢压力表

发电机氢气进口远传压力开关手动门

发电机至电气仪表入口门后排污门

机内气体压力变速器进口

发电机氢气仪表母管排污二次门

发电机氢气去湿装置侧面图4

氢气干燥装置油分离器

氢气干燥器

氢气干燥器冷却水出水门

氢气干燥器冷却水进水门

附加说明

（1）氢气置换时，要注意观察发电机氢气流量计，流量不能过大。

（2）发电机正常运行中应投入氢气去湿装置运行。发电机正常运行时，要使氢冷系统良好运行，必须保持密封油系统正常运行，应特别注意密封油压恒定大于机内氢气压力36～76kPa。

（2）通过压力调节器自动保持发电机内氢气压力在需要值。

（3）通过氢气干燥器除去机内氢气中的水分。

（4）通过真空净油型密封油系统，以保持机内氢气纯度在较高水平。

（5）采用相应的表计对机内氢气压力、纯度、温度及油水漏入量进行监测显示，超限时发出报警信号。

氢气控制系统主要由氢气控制排（又称氢气供给装置）、CO_2供给汇流排、CO_2气体加热装置、氢气去湿装置、置换控制阀、油水（探测）报警器、氢气湿度仪、管路阀门等辅助件、氢纯度检测装置等设备（部套件）组成。

4.10.2　正常运行巡回检查及维护项目

4.10.2.1　正常运行巡回检查内容

（1）检查压缩机运行正常，压缩空气供气压力应保证为0.6～0.8MPa，最高不超过1.0MPa。

（2）检查去湿装置运行正常。

（3）去湿装置温度表显示正确，2台冷却风扇运行正常。

（4）去湿装置电气控制箱控制面板上各种显示正常。

（5）检查油过滤器有无堵塞，如有必要更换活性炭过滤介质。

（6）各部无漏水、漏氢、漏油现象。

（7）储水箱水位视镜内水位高度不得超过2/3高度。有水时应及时排放。

（8）就地氢控盘检查：①氢压表应保持为0.48～0.51MPa；②氢气纯度计指示正确，为96%～100%；③控盘无报警信息。

（9）氢气湿度仪各参数正常。

（10）供氢母管压力表指示正确。

（11）密封油浮子油箱油位无异动，油水检测器无液位。

（12）系统各阀门位置正确，无漏点。

4.10.2.2　正常运行维护项目

（1）氢气系统漏氢检测，机组不定期补氢。

（2）去湿装置定期放水。

（3）氢气去湿装置定期切换。

（4）氢气系统每班两次漏氢检测。

（5）配合化学人员定期对氢气取样化验。

4.10.3 常见故障及危险点

（1）密封油浮子油箱油位满油，浮子油箱浮球阀故障，手动调节浮子油箱旁路，通知维护检查处理。

（2）发电机氢气纯度仪显示纯度低，检查纯度仪供气管路畅通。

（3）加热器水位过高或过低，加热器水位调门卡涩。

（4）油压、氢压波动较大时，注意检查浮子油箱油位和油水检测器。

4.11 辅汽系统

4.11.1 系统简介

辅助蒸汽为全厂的公用汽源，主要用于机组的启停及正常运行时的辅助用汽，此外还用于采暖、供热、外围岗位的设备用汽等。每台机组各配置1个辅汽联箱和1个疏水扩容器。联箱均布置在辅汽层。联箱上配置了相应的安全阀，以保障联箱的安全运行。

4.11.2 正常运行巡回检查及维护项目

4.11.2.1 正常运行巡回检查内容

（1）辅汽系统各管道、阀门结合处无漏汽现象。

（2）辅汽系统各疏水门无内漏及外漏情况。

（3）辅汽系统各管道无振动现象。

（4）辅汽系统各联箱压力表、温度表指示正确。

（5）辅汽联箱至采暖供汽压力正常。

（6）辅汽联箱至采暖供汽温度正常。

辅汽联箱部分图1

启动锅炉房至#1机辅汽电动门

四抽至辅汽供汽电动门

冷段至辅汽调节门后电动门

辅汽至给水泵汽轮机调试用汽电动门

辅汽至锅炉暖风器、电除尘用汽电动门

辅汽联箱部分图2

#1、2机辅助蒸汽母管 #1机侧联络电动门

辅汽至消防蒸汽燃油伴热用汽电动门

辅汽至空气预热器吹灰供汽手动门

辅汽至高压缸预暖供汽电动门

辅汽至轴封供汽电动总门

辅汽联箱部分图3

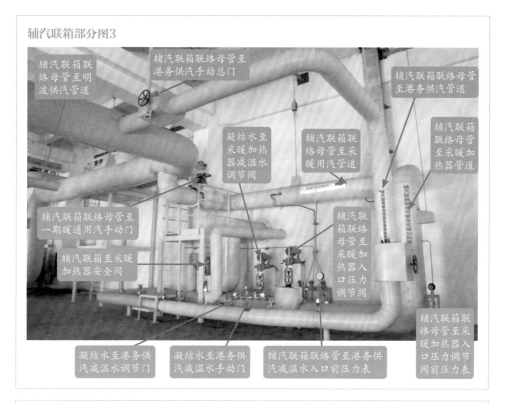

辅汽联箱联络母管至明波供汽管道

辅汽联箱联络母管至港务供汽手动总门

辅汽联箱联络母管至港务供汽管道

凝结水至采暖加热器减温水调节阀

辅汽联箱联络母管至采暖用汽管道

辅汽联箱联络母管至采暖加热器管道

辅汽联箱联络母管至一期暖通用汽手动门

辅汽联箱联络母管至采暖加热器入口压力调节阀

辅汽联箱至采暖加热器安全阀

凝结水至港务供汽减温水调节门

凝结水至港务供汽减温水手动门

辅汽联箱联络管至港务供汽减温水入口前压力表

辅汽联箱联络母管至采暖加热器入口压力调节阀前压力表

辅汽联箱疏水扩容器

附加说明

（1）机组正常运行时，#1、2机辅汽联箱互为供汽，各辅汽联箱至邻机供汽门应保持一定开度。

（2）正常运行时，辅汽联箱由本机四抽供给，冷段作为备用。

（3）辅汽联箱压力为0.7～1.4MPa，≥1.5MPa高报警，≤0.5MPa低报警。

（4）辅汽联箱温度为300～400℃。

4.11.2.2 正常运行维护项目

（1）定期疏水。

（2）及时调整辅汽系统各联箱压力正常。

4.11.3 常见故障及危险点

（1）辅汽联箱压力过低或过高，一般受机组负荷、用户用汽量大小影响所致，主要原因是冷段至辅汽联箱调门动作不正常。应及时调整压力正常，防止因压力低影响用户用汽或因压力高使安全阀动作。

（2）辅汽系统阀门、管道、法兰盘、疏水门漏汽。应根据泄漏处，采取相应隔离措施。

（3）投运辅汽及用户时，疏水通畅，暖管充分，避免管路振动大。

4.11.4 事故案例警示

某厂 #8机组由于运行人员监视不利，致使辅助蒸汽温度下降，B给水泵汽轮机振动大。

4.12 轴封系统

4.12.1 系统简介

汽轮机轴封系统的主要作用是为了防止机组正常运行时蒸汽沿高中压缸轴端向外泄漏，甚至窜入轴承箱致使润滑油中进水；同时防止外界空气漏入低压缸，影响凝汽器真空。#1机组轴封系统有2个独立的汽源：辅助蒸汽汽源和主蒸汽汽源（#2机组未设计主蒸汽汽源）。主蒸汽汽源作为事故备用汽源，用于在单机运行辅助汽源异常时保证汽轮机安全停机。

轴封系统采用自密封汽封系统，在机组正常运行时，利用高压主汽阀门杆漏汽和高调阀门杆上部漏气进行轴封，经喷水减温后作为低压缸轴封汽封用汽，大约在机组负荷达到75%时，系统可进入自密封状态，多余蒸汽经溢流站溢流至低压加热器（溢流正常时）或凝汽器（机组启停时）。在机组启动、停机或低负荷运行阶段，轴封供汽由辅助汽源蒸汽（来自启动锅炉、临机供汽等）

提供。

4.12.2 正常运行巡回检查及维护项目

4.12.2.1 正常运行巡回检查内容

（1）就地低压缸轴封压力表指示正确，低压缸轴封处不漏气。

（2）就地轴封母管压力表指示在正常范围内（27kPa左右）。

（3）就地轴封溢流阀位置指示正确。

（4）轴封加热器风机及电机声音、振动正常。

（5）轴封加热器负压表指示正常（−2.14～−6.14kPa）。

（6）轴封系统各疏水门状态正确，无内漏现象。

4.12.2.2 正常运行维护项目

轴封加热器风机定期切换。

4.12.3 常见故障及危险点

（1）轴封母管压力低或高，运行人员注意调整主蒸汽调节阀（SSFV）、辅助蒸汽调节阀（SSAFV）、溢流调节阀（SPUV）压力设定值。

（2）投轴封系统时，启动轴封加热器风机时，轴封加热器风机入口门未开，会造成轴封加热器微负压无法形成，汽轮机轴封回汽不畅，使低压缸处向外漏蒸汽，并且油系统容易进水，各个轴承回油观察窗上有水珠。

（3）机组停运破坏真空停轴封后，四抽测点温度升高，并且主汽门阀杆处有水流出。原因为轴封进汽手动门不严，轴封母管积存的压力倒至四抽及主汽门阀杆。应摇紧辅汽层手动门、打开轴封进汽调门后疏水门消压。

（4）轴封处冒汽。①开启轴封风机出口阀门。②汽–气混合物回汽管路向汽封加热器方向连续倾斜，斜率1/50，且进入汽封加热器入口管段时，不得从管段下方进入。③保持低位点疏水畅通。

（5）低压供汽温度高。①清理喷嘴。②清洗滤水器。③检查调节阀动力电源、气源及控制信号。

4.12.4 事故案例警示

2006年10月31日,某厂在试运期间,因管道材质缺陷,发生一起主蒸汽管道纵向爆裂,造成附近施工人员两人死亡一人烫伤事故。

2007年8月24日,某厂#3机组#4高调门高压进油活节前焊口因管道振动强烈,疲劳开裂,大量漏油,由于无法进行隔离被迫停机处理。

2012年3月29日,某厂#2机组进行高压主汽门活动试验,主汽门关信号误发导致机组跳闸。

轴封加热器正面图

给水泵汽轮机轴封漏汽至轴封加热器

汽轮机轴封漏汽至轴封加热器

轴封加热器

轴封加热器水位计图

提醒

轴封加热器水位(0~70cm)≥230mm高报警。

轴封加热器压力表图

提醒

轴封加热器压力≤95kPa低报警;≥99kPa高报警。

轴封加热器侧面图

轴封加热器风机

轴封加热器风机旁路手动门

轴封加热器风机入口手动门

除氧器上水调门图

除氧器上水A调门后电动门　除氧器上水A气动调门供压缩空气手动门　除氧器上水旁路电动门　除氧器上水A调门前电动门　轴封加热器出水电动门

除氧器上水B调门后电动门　除氧器上水副调阀旁路手动门　除氧器上水B气动调门　除氧器上水B调门前电动门

提醒

　　#1机凝结水副调阀管道上增加旁路，可以避免节流损失，提高经济性，同时增加凝结水调节手段，旁路门为手动闸阀。

轴封加热器凝结水管道图

轴封加热器旁路电动门

轴加凝结水旁路

轴加凝结水入口

轴封加热器进水电动门

轴封加热器旁路电动门后放水一次门

轴封加热器旁路电动门后放水二次门

轴封加热器进水管放水一次门

轴封加热器进水管放水二次门

轴封加热器后凝结水再循环管道图

附加说明

轴封母管压力为26～28kPa，轴封供汽温度与汽轮机金属温度相匹配。（冷态启动轴封供汽温度180～260℃，热态启动时轴封供汽温度300～371℃，控制低压轴封温度121～177℃）

4.13 | 抽真空系统

4.13.1 系统简介

抽真空系统每台机组配置1台水室真空泵、3台水环真空泵，采用水环真空泵，型号为250EVMA，一般情况下为二运一备运行方式。改造后在原有基础上，拆除#1机C真空泵，在拆除位置上增加2套专利技术产品（三级变频罗茨高效真空维持装置，占地约10m²），正常运行时二运二备，保持两套罗茨真空泵组运行，原水环真空泵分别投入备用。A/B 罗茨真空泵对应A/B 凝汽器抽真空运行，A/B机械真空泵对应备用，A、B凝汽抽空气母管装设一电动联络门。

4.13.2 正常运行巡回检查及维护项目

4.13.2.1 正常运行巡回检查内容

（1）检查运行泵振动正常、无摩擦、无异音、电机电流及轴承温度正常。

（2）运行泵工作水管道泵运行正常。

（3）检查真空泵汽水分离器水位正常。

（4）检查备用泵备用良好，分离器水位正常，入口气动门关闭状态。

（5）检查与凝汽器相连接的各疏水管道、阀门无振动、漏气现象。

（6）检查真空泵冷却器进回温度表指示正确。

（7）检查凝汽器真空破坏阀水封水位正常。

罗茨真空泵管道图

罗茨真空泵管道正面图

附加说明

　　运行期间检查项目：

（1）罗茨真空泵驱动端、非驱动端齿轮箱油位应在观察窗1/2处。

（2）罗茨真空泵驱动端上部油封注油杯油位，油位下降，说明油封存在漏油。

（3）前级泵汽水分离器水位为90～150mm，小于90mm联开补水电磁阀，高于190mm，溢流管自溢流。

（4）罗茨真空泵组就地控制柜指示正常。

（5）检查罗茨真空泵及电机，前级泵及电机各部温度正常。

图1　机械真空泵管道

机械真空泵汽水分离器图

提醒

　　机械真空泵汽水分离器水位计 ≥400mm延时2s停止补水；≤150mm延时2s开始补水。

　　巡检时注意检查机械真空泵运行泵分离器水位正常，若发现水位过高，应及时放水。

图2

图3

图4

提醒

　　巡检时检查机械真空泵运行泵冷却水进口门、出口门开度正常，冷却水供水正常，无泄漏。

（8）检查真空泵冷却器工作正常。

（9）检查真空泵入口真空压力表指示正确。

机械真空泵管道侧面图　　　　　　　　　　图1

机械真空泵工作水循环泵电机

机械真空泵工作水循环水泵

机械真空泵工作水滤网

机械真空泵入口手动门

机械真空泵入口气动门

机械真空泵入口逆止门

测振点<0.085mm

图2

附加说明

　　机械真空泵入口气动阀前后压差高≤0.004MPa打开入口蝶阀，启动一台机械真空泵，检查工作水循环泵联启，真空泵组运行正常，当真空泵入口气动门前后压差大于4kPa时，真空泵入口气动门自动开启。

循环水室真空泵侧面图

循环水室真空泵汽水分离器

循环水室空汽分离器水离液位计

循环水室真空控制罐入口手动门

循环水室真空泵

循环水室真空泵正面图

循环水室真空泵工作水冷却器后压力表

循环水室真空泵工作水冷却器

循环水室真空泵真空控制罐图

提醒

　　循环水室真空泵真空控制罐真空压力当地大气压为101.14kPa，≤300mbar.a停真空泵；≥400mbar.a启真空泵。

　　循环水室真空泵真空控制罐液位≥200mm停止补水；≤100mm开始补水。

4.13.2.2　正常运行维护项目

（1）真空泵定期测绝缘后切换。

（2）主机真空严密性试验。

（3）机械真空泵切换。

4.13.3　常见故障及危险点

（1）凝汽器真空下降。发现凝汽器真空下降，应迅速核对各真空表指示，对比排汽温度，确认真空下降。对循环水系统、真空系统进行下列检查处理：检查凝结水泵密封水是否正常，盘根是否漏空；凝汽器水位是否过高；当真空下降至-81.44kPa，备用真空泵自启，否则手动投入，真空如继续下降，应减负荷，若真空降至-75.84kPa，跳机保护应动作，否则应手动打闸停机。

（2）备用真空泵因入口压力开关误动作而联启。应立即到就地检查并汇报，联系检修人员处理。

（3）备用真空泵入口门不严漏真空。

4.13.4 事故案例警示

某厂＃8机组冷却水质不合格，造成滤网堵塞，A真空泵泵体温度高。

2015年8月3日，某厂#2机C真空泵电机轴承卡涩损坏引起电流升高，导致#2机C真空泵电机跳闸。

4.14 凝结水系统

4.14.1 系统简介

凝结水是指低压缸排汽进入凝汽器后冷凝成的工作介质，凝结水系统能够在机组启动、汽轮机旁路投运和正常运行的各种运行工况下将汽轮机排汽在凝汽器内凝结下来的凝结水顺利排入热井。热井中的凝结水由凝结水泵抽出，升压后进入精除盐装置处理后除去水中的各种离子，再进入低压加热器进行回热升温，最后进入除氧器，送入给水系统，同时为汽轮机、给水泵汽轮机排汽缸、旁路三级减温减压器、凝汽器疏水扩容器、轴封供汽等用户提供减温水和提供汽泵轴封密封水等杂项用水。

该系统设置3台50%容量凝结水泵。其中A、B凝结水泵为变频泵，C凝结水泵为工频泵，正常情况下变频泵运行，工频泵备用。系统设置4台低压加热器、1台轴封冷却器以及1套凝结水精处理装置，在凝结水精处理后设有各项减温喷水和杂项用水，在轴封冷却器后设有除氧器水位调节站，有2组调节阀以及电动旁路阀，凝结水最小流量再循环管路。此外，为保证凝汽器热井正常运行水位，该系统还设有补水调节阀、补充水管路及凝结水补水箱，2台凝结水补充水泵（以下简称凝输泵），可在各种负荷条件下供给保质保量的凝结水。

4.14.2 正常运行巡回检查及维护项目

4.14.2.1 正常运行巡回检查内容

（1）系统无泄漏，无异常振动。

（2）凝结水泵运转正常，无异音。

（3）凝结水泵组各冷却水正常。

凝结水泵管道图

凝结水泵电机

凝结水泵出口电动门

凝结水泵出口逆止门

凝结水泵部分管道图

B凝结水泵电机闭式冷却水回水

B凝结水泵出口电动门前放水一次门

凝输泵出口母管至B凝结水泵密封水压力表

B凝结水泵电机闭式冷却水进水

B凝结水泵入口电动门

B凝结水泵出口至凝结水泵自密封水逆止门

B凝结水泵出口电动门前放水二次门

B凝结水泵出口至凝结水泵自密封水减压阀

凝输泵出口母管至B凝结水泵密封水逆止门

B凝结水泵出口母管至凝结水泵密封水入口手动门

凝输泵出口母管至B凝结水泵密封水手动一次门

提醒

正常运行时，凝结水泵密封水压力＞0.8MPa。

凝结水泵出口压力表图

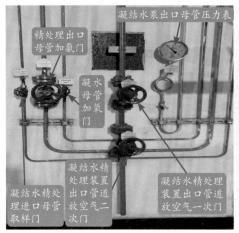

提醒

正常运行中凝结水母管压力保持为1.5～3.5MPa。

凝结水补水箱正面图

凝结水补水箱侧面图

提醒

凝结水补水箱水位：
≥9m高报警，≤3m低报警。

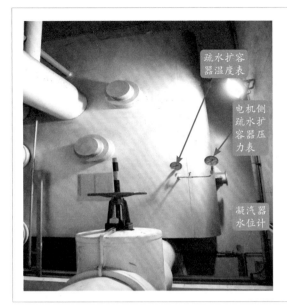

凝汽器水位计图

附加说明

凝汽器低压侧（LP侧）壳体和高压侧（HP侧）壳体的热井是联通的。

凝汽器配有2套磁翻板水位计，运行时，可以对凝汽器热井水位进行就地及远传显示监测。

凝汽器热井正常水位以热井底板为零位，+1050mm处；

≥+1450mm高二值报警；

≥+1300mm高一值报警；

≤+800mm低一值报警；

≤+600mm低二值延时2s联停凝结水泵。

（4）凝结水泵盘根无漏水、漏油现象。

（5）凝结水系统各放水、放气门及管道等无漏点。

（6）凝结水泵出口压力表指示正确，表计无渗水现象。

（7）凝结水补水箱水位正常。

（8）凝汽器热井水位指示正常。

（9）备用泵备用良好（进、出口门开启，轴承油位正常）。

（10）各凝结水泵、电机各轴承油位、声音、振动、温度正常。

（11）各凝结水泵密封水压力（＞0.8MPa）正常。

4.14.2.2　正常运行维护项目

（1）A（B）凝输泵定期测绝缘后启停试验。

（2）凝结水泵定期测绝缘后切换。

（3）凝结水泵启停试验。

（4）热井水位校对。

（5）联系化学人员向除盐水箱补水。

（6）凝汽器就地远方校对。

图1　凝输泵图

附加说明

　　该系统设有2台凝输泵。

　　正常运行时，凝输泵处于备用状态，凝输泵旁路门在开启状态，通过真空补水管路向凝汽器补水，若不能满足凝汽器补水要求时则需要开启凝输泵对凝汽器补水。

图2

图3　凝输泵出口母管压力表图

提醒

　　凝输泵入口滤网差压≥0.012MPa高报警。

凝输泵油位计图

提醒

　　正常巡检时，应检查凝输泵油位计满足要求，否则应及时联系维护人员加油。

4.14.3　常见故障及危险点

（1）凝结水产生过冷度。其危害是燃料消耗量增大、热经济性降低、凝结水含氧量增加、加剧设备腐蚀，降低设备安全性。产生的原因有凝汽器汽侧积气、蒸汽分压降低；热井水位升高，淹没部分钛管；钛管排列不佳或过密，凝结水在钛管外形成水膜，水膜温度低于饱和温度。应提高凝汽器真空、降低热井水位、合理布置凝汽器钛管。

（2）凝结水溶氧高。一般从热井至备用凝结水泵出口门之间的系统及与热井相连的负压管道系统有空气漏入热井凝结水中。最常见的部位包括：备用凝结水泵出口压力表活节漏水而吸入空气、备用凝结水泵盘根、凝结水泵入口压力表活节、热井底部放水阀漏气、#7A/7B、8A/8B正常疏水调门盘根等。应立即查找漏点，联系检修人员用抹黄油等方法封堵；必要时切换凝结水泵运行，隔离停运凝结水泵进行注水查漏。

（3）凝结水有硬度。一般原因为凝汽器钛管泄漏，使水质较差的循环水串进凝结水中。应利用凝汽器胶球清洗装置向凝汽器循环水侧加锯末堵漏，若泄漏严重，应进行凝汽器半边隔离进行封堵。

（4）热井水位异常。

1）水位高，主要由除氧器上水门误关、化学精除盐装置差压大、机组升负荷快、低压加热器危急疏水动作、低压加热器解列时造成除氧器断水、凝汽器真空快速下降、凝汽器补水调阀自动失灵等原因造成。

2）水位低，主要由除氧器上水门开大、机组降负荷快、高压加热器危急疏水频繁动作、凝汽器补水调阀自动失灵、#5低压加热器出口放水门误开、凝结水系统管道泄漏等原因造成。

（5）凝结水泵跳闸。应先确认备用凝结水泵自启，否则手启；调整凝汽器水位和除氧器水位至正常值；如备用泵启动不成功，联系电气人员进行确认无异常，方可强行再启动一次跳闸泵；强启不成功应根据当前负荷考虑是否降负荷处理；查明跳闸原因，联系检修人员处理。

4.14.4 事故案例警示

某厂#7机组试运过程中发生凝结水泵入口滤网频繁堵塞现象。

某厂#1机组凝结水泵出口压力下降，检修人员无票作业，导致凝结水泵入口进空气。杜绝检修人员无票作业，运行人员加强对DCS画面参数的监视。

某厂#1机组Ⅲ级凝结水泵失备，Ⅲ级#3凝结水泵入口门门柄脱落。应提高安装检修工艺。

某厂#1机组凝汽器补水入口点过低导致凝汽器补水含氧量高。

某厂#1机组在CRT中无电流监视，由于凝输泵的进口门开启一半，出口门全开，再循环全开，就地检查泵体、电机振动大，电机过热烧损，#1A凝输泵跳闸。应加强设备巡检，加强系统检查。

1996年6月，某厂化验员在取样进行酸液浓度分析时未戴防护眼镜，致使酸液溅到眼睛里，造成眼睛受伤。

2013年1月9日，某厂#2机组凝汽器水侧查漏过程中机组低真空保护动作跳闸。防范措施：①要注重风险分析和预估分析，如事先知道凝结水硬度超标，可以判定凝汽器钛管泄漏，就应制定防止真空降低措施或防止真空低保护动作措施。②凝汽器低负荷查漏是很普遍的工作，各级管理人员应对此项工作引起足够重视，事前完善相关措施和风险分析，组织演练。

2015年11月3日，某厂#1机C凝结水泵定期启停试验时失败。防范措施：凝结水泵定期启停试验前，运行人员先开关一次出口门，检查阀门动作是否正常，有异常情况时及时联系热控分场处理。

4.15 给水系统

4.15.1 系统简介

给水系统是指除氧水箱开始到锅炉省煤器入口这一给水流程所经过的设备、管道、阀门及附件等所组成的系统。给水系统采用单元制，每台机组设置2台50%容量汽动给水泵和1台30%容量电动调速给水泵。给水泵汽轮机布置于汽机房运转层，排汽直接进入主汽轮机凝汽器。

给水系统的作用：把除氧器水箱中加热的凝结水通过给水泵提高压力，经过高压加热器进一步加热后达到锅炉给水的要求，持续不断的输送到锅炉，成为锅炉给水。此外，给水系统还向锅炉过热器一、二级减温器、再热器减温器（由给水泵中间抽头提供减温水）提供高压减温水，给水系统运行的稳定与否直接关系到机组的安全运行。

4.15.2 正常运行巡回检查及维护项目

4.15.2.1 正常运行巡回检查内容

（1）系统无泄漏，无异常振动。

（2）高压加热器水位正常，管道无漏水、漏汽现象。

（3）给水系统各放水、放气门位置正确，无漏点。

（4）电动给水泵。

汽动给水泵侧面图1

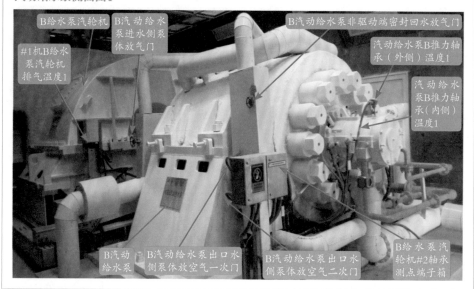

汽动给水泵侧面图2

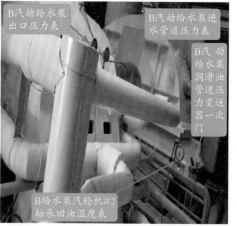

提醒

汽动给水泵入口压力≤1.1MPa跳泵。

给水泵汽轮机推力轴承回油温度<60℃（对应ISOVG32透平油）正常值；≥65℃高报警。

给水泵汽轮机排汽压力≥21.3kPa报警；≥33.6kPa停给水泵汽轮机。（当地大气压为101.14kPa）

给水泵汽轮机排汽温度≥100℃自动开启喷水门；≤65℃自动关闭喷水门；≥100℃报警；≥135℃停给水泵汽轮机。

正常运行时，注意检查汽动给水泵轴承回油窗回油正常，发现有水珠立即汇报；汽动给水泵密封端无漏水、漏汽现象。

B汽动给水前置泵管道图1

B汽动给水前置泵入口
B汽动给水前置泵出口
B汽动给水前置泵电机
B汽动给水前置泵闭式冷却水进水门
B汽动给水前置泵泵体放水门
B汽动给水前置泵泵体放空气门2
B汽动给水前置泵泵体放空气门1
B汽动给水前置泵

B汽动给水前置泵管道图2

B汽动给水前置泵非驱动端闭式密封水冷却器回水过滤器后截门
B汽动给水前置泵非驱动端闭式密封水冷却器回水过滤器旁路门
B汽动给水前置泵非驱动端闭式密封水冷却器回水过滤器后截门
B汽动给水前置泵非驱动端闭式密封水冷却器进水管放气门
B汽动给水前置泵泵体放水门
B汽动给水前置泵泵体放水门2
B汽动给水前置泵闭式冷却水回水门
B汽动给水前置泵非驱动端轴承闭式冷却水回水门
B汽动给水前置泵闭式冷却水进水门

B汽动给水前置泵管道图3

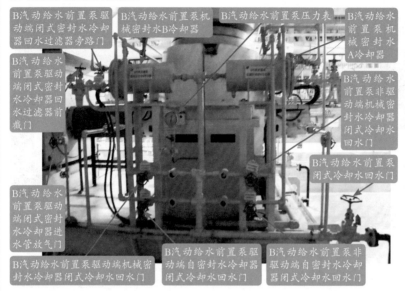

B汽动给水前置泵驱动端闭式密封水冷却器回水过滤器旁路门

B汽动给水前置泵机械密封水B冷却器

B汽动给水前置泵压力表

B汽动给水前置泵机械密封水A冷却器

B汽动给水前置泵驱动端闭式密封水冷却器回水过滤器前截门

B汽动给水前置泵非驱动端机械密封水冷却器闭式冷却水回水门

B汽动给水前置泵驱动端闭式密封水冷却器进水管放气门

B汽动给水前置泵闭式冷却水回水门

B汽动给水前置泵驱动端机械密封水冷却器闭式冷却水回水门

B汽动给水前置泵驱动端自密封水冷却器闭式冷却水回水门

B汽动给水前置泵非驱动端自密封水冷却器闭式冷却水回水门

提醒

正常巡检时，注意检查汽动给水前置泵机械密封水冷却器闭式冷却水回水窗有水流，回水正常。

暖泵管道图

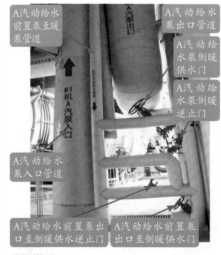

A汽动给水前置泵至暖泵管道

A汽动给水前置泵出口管道

A汽动给水泵倒暖供水门

A汽动给水泵倒暖逆止门

A汽动给水泵入口管道

A汽动给水前置泵出口至倒暖供水逆止门

A汽动给水前置泵出口至倒暖供水门

B汽动给水前置泵至暖泵管道

B汽动给水泵暖泵进水管道

B汽动给水泵倒暖门

B汽动给水泵倒暖逆止门

B汽动给水泵暖泵水压力开关一次门

B汽动给水前置泵出口至倒暖供水逆止门

B汽动给水前置泵出口至倒暖供水门

附加说明

暖泵方式分为正暖和倒暖两种形式。在机组试启动或给水泵检修后启动时，一般采用正暖，即顺水流方向暖泵，水由除氧器引来，经前置泵—给水泵低压侧—给水泵高压侧进泵。如给水泵处于热备用状态下启动，则采用倒暖，即逆原水流方向暖泵，从另一前置泵出口—暖泵管—给水泵高压侧—给水泵低压侧—前置泵—除氧器。这两种暖泵方式均可避免泵体下部产生死区，以达到泵体受热均匀的目的。暖泵结束时，泵的吸入口水温与泵体上任一测点的最大温差应小于25℃。

汽动给水泵密封水水封管道图

图中标注：
- B汽动给水泵密封水回水水封至凝汽器手动门
- B汽动给水泵密封水回水手动总门
- B汽动给水泵密封水回水至地沟手动门
- B汽动给水泵密封水回水水封注水溢流门
- B汽动给水泵密封水A滤网进口门
- B汽动给水泵密封水A滤网出口门
- B汽动给水泵密封水回B滤网出口手动门
- B汽动给水泵密封水回水水封注水手动门
- 凝结水至B汽动给水泵密封水滤网前手动总门
- B汽动给水泵密封水B滤网进口手动门
- 轴封加热器紧急放水手动门
- 轴封加热器放水至地沟一次门
- 轴封加热器放水至地沟二次手动门

附加说明

A汽动给水泵密封水注水并将密封水回水外排地沟主要步骤：
（1）检查凝结水至汽动给水泵密封水管路畅通，阀门位置正确；
（2）关闭汽动给水泵密封水回水水封至凝汽器手动门；
（3）关闭汽动给水泵密封水回水至地沟手动门；
（4）打开汽动给水泵密封水回水手动总门；
（5）打开汽动给水泵密封水回水水封注水溢流门；
（6）打开汽动给水泵密封水回水水封注水手动门注水；
（7）汽动给水泵密封水回水水封注水溢流门见水后关闭汽动给水泵密封水回水水封注水手动门；
（8）注水完成；
（9）打开汽动给水泵密封水回水至地沟手动门；
（10）关闭溢流门。
B密封水回水由外排地沟倒至凝汽器主要步骤：
（1）检查机组真空建立；
（2）检查汽动给水泵密封水回水管路水封建立，外排正常［否则执行A：（1）～（8）步］重新注水；
（3）关闭汽动给水泵密封水回水至地沟手动门；
（4）打开汽动给水泵密封水回水水封至凝汽器手动门；
（5）检查机组真空正常；
（6）检查给水泵汽轮机油位正常。
操作注意事项：
（1）汽动给水泵密封水的作用是防止汽动给水泵内的高压水向外泄漏；
（2）汽动给水泵不管是运转还是停止，都必须不间断地注入凝结水密封；
（3）密封水注入压力为：泵吸入压力70～150kPa；
（4）密封水回水温度控制在55～60℃；
（5）密封水回水温度低于80℃时，不影响泵连续运行；
（6）密封水回水方式切换时应保持水封正常，严密监视真空情况，如水封破坏，应及时恢复；
（7）密封水操作时保持密封水回水畅通；
（8）机组建立真空并稳定后密封水回水才能倒至凝汽器回收方式；
（9）密封水回水方式切换时应尽快完成，防止密封水回水不畅导致给水泵汽轮机油进水。

除氧器侧面图

附加说明

　　该除氧器采用定滑压运行方式，设有两路加热汽源：机组四段抽汽和辅汽。在四抽管路上只设防止汽轮机进水的截止阀和逆止门，不设调节阀，正常运行时实现滑压运行。而辅汽供汽管路上设压力调节阀，用于机组启停时调节除氧器压力为0.147MPa，保持定压运行。当四抽压力达到0.147MPa时除氧器由辅汽倒至四段抽汽，除氧器由定压运行变为滑压运行。

　　该除氧器为碳钢结构，由圆柱形筒体及两端的椭圆封头组成。除氧器底部由4只鞍式支座进行支撑，支座间距依次为10.5、10.5、10m，中间一侧的1只支座为固定支座，其余均为滚动支座。

　　正常运行时，除氧器排汽管门微开，排汽管有轻微漏气现象。

除氧器液位计

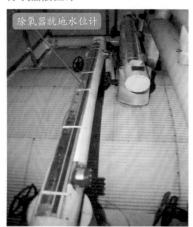

提醒

　　除氧器水位：
　　高一值（+2770mm），报警；
　　高二值（+2870mm），联动开启除氧器事故放水阀；
　　高三值（+2920mm），联动关闭四抽至除氧器进汽电动门和逆止门，#3高压加热器至除氧器正常疏水阀联运关闭，联开#3高压加热器至凝汽器疏水阀；
　　低一值（+2420mm），报警；
　　低二值（+580mm），两个模拟量信号同时达到整定值时，联跳汽动给水前置泵及电动给水泵。

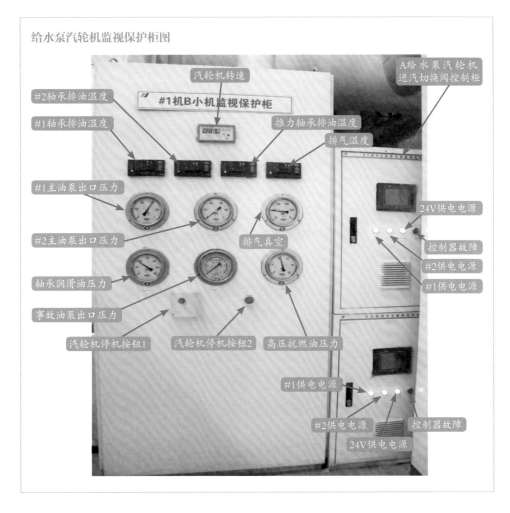

给水泵汽轮机监视保护柜图

1）电动给水泵油箱油位正常，油质合格。

2）电动给水泵组无泄漏、异常振动。

3）电机及轴承温度正常，回油正常。

4）耦合器油位正常。

5）电动给水泵交流润滑油泵连续运行，油压（0.17～0.25MPa）、油温正常，各轴承油流正常。

6）润滑油滤网压差正常。

7）电动给水泵、汽动给水泵再循环手动门全开。

（5）前置泵进口压力、前置泵出口压力正常，电机轴承油位正常；泵及电机声音、振动正常；前置泵机械密封水投入正确；管道、活节无漏水、漏汽现象。

（6）汽动给水泵轴承回油通畅、轴承声音、振动正常；汽动给水泵机械密封水投入正确，各管道、放气门无漏水漏汽现象；汽动给水泵出口压力表、汽动给水泵入口压力表及中间抽头压力表等指示正确。

（7）除氧器。

1）除氧器水位、压力、水温正常；管道无漏水、漏汽现象。

2）四抽至除氧器、辅汽至除氧器管道有无振动、泄漏。

3）机房顶安全阀出口无漏汽。

（8）给水泵汽轮机油系统运行正常，就地转速表指示正确。

4.15.2.2　正常运行维护项目

（1）除氧器水位计就地远方校对。

（2）给水泵汽轮机高、低压主汽门活动试验。

（3）给水泵汽轮机主油泵、事故油泵启停试验。

4.15.3　常见故障及危险点

（1）备用主油泵启动时出口压力起压慢。

（2）给水流量突降或中断。当给水流量低于极限值锅炉MFT保护动作。

（3）除氧器水位过高或过低，主要原因是补水调门动作不正常或凝结水泵变频调节不正常。

（4）除氧器压力过低或过高，主要原因是辅汽至除氧器调门动作不正常。

（5）汽动给水泵反转。

（6）高压加热器解列。

（7）给水流量突降或中断。

4.15.4 事故案例警示

某厂#7机组，A汽动给水前置泵由于振动大跳闸。泵体内水温与除氧器水温偏差大（超过40℃），汽动给水前置泵的润滑油温过低，小于20℃。

某厂#7机组，A汽动给水前置泵非驱动端轴承振动值晃动。振动探头插针弯曲，接触不良，造成振动值晃动。

某厂#7机组，B给水泵汽轮机排汽蝶阀执行机构卡涩。执行机构存在先天性缺陷；阀门电动执行机构匹配不合理。

某厂#8机组给水泵汽轮机油泵在调整油压时，由于调整不当，导致B给水泵汽轮机板式冷油器打压漏泄。

某厂#2机组给水泵多次由于滤网堵塞导致入口压力低保护动作，停泵。施工中做好监督，防止异物进入系统；加强系统冲洗和验收。

某厂#7机组给水前置泵轴承油杯脱落，导致断油烧瓦。

某厂#8机组油质严重不合格，轴瓦供油管由于杂质堵塞，电动给水泵断油烧瓦。加强油质管理，滤网细度应合适，滤网差压大时及时清理。

某厂#2机组#2汽动给水泵主泵通流体部分损坏致#2汽动给水泵振动大跳闸。运行人员应加强监视，防止事故扩大。

某厂#2机组#2汽动给水泵主泵驱动端轴承供油管焊口开焊漏油。

某厂#1机组给水泵汽轮机自由端甩水严重，给水泵汽轮机油中进水。

某厂#1机组前轴承箱处垫片时间长脱落，给水泵汽轮机前轴承回油窗内有异物。

某厂#1机组转速测点波动，导致电超速保护动作，汽动给水泵跳闸。

某厂#1机组前轴封油档甩油至高温物体，给水泵汽轮机前轴封处冒烟着火。

某厂#1机组A给水泵汽轮机有异物卡在#2电磁阀中，#2电磁阀后油管路异常发烫，使给水泵汽轮机跳闸后无法复位。

1996年1月28日，某厂停运#2汽动给水泵时，由于出口逆止门不严导致汽动给水泵倒转，带动给水泵汽轮机转速达到8000r/min，引发强烈振动并起火，造成汽动给水泵及给水泵汽轮机严重损坏。

2015年11月19日，某厂#1机B给水泵汽轮机主油泵定期切换，启动#1机B给水泵汽轮机#2主油泵后，运行5min油泵不起压，电流20A（正常44A），停运#1机B给水泵汽轮机#2主油泵。

2015年3月14日，某厂#1机B给水泵汽轮机叶片断裂脱落致#1机B给水泵汽轮机跳闸，机组RB动作。

4.16 │ 高、低压加热器

4.16.1 设备概述

4.16.1.1 低压加热器概述

一期工程装设2台1000MW汽轮机组，汽轮机采用8级抽汽，其中5、6、7、8级抽汽分别供#5、6、7、8低压加热器。低压加热器在给水回热系统中按抽汽压力由高到低的排列顺序，低压加热器的编号分别为#5、6、7、8低压加热器，其中#7、8低压加热器共用一个壳体（称为合体低加），每台机组有两个合体低加，分别布置在低压缸排汽处。

低压加热器正常疏水采用逐级自流的方式，即#5低压加热器疏水流到#6低压加热器，然后进入#7低压加热器，再进入#8低压加热器，最后疏水经#8低压加热器进入凝汽器。

#7、8低压加热器采用水侧隔离系统，汽侧因无进汽电动门和逆止门，无法进行隔离。

低压加热器均设有电动旁路作为低压加热器事故切除、检修时用。#5低压加热器出口在原有放水电动门后加一个手动闸阀，新增阀门位置较高，无操作平台，需要操作时通知汽轮机管阀班，系统检查时确认开启，开机后关闭。

#5低压加热器管道图1

五段抽汽至#5低压加热器管道

#5低压加热器出口电动门后试验预留手动隔离门

凝结水性能试验流量计接口

#5低压加热器

#5低压加热器管道图2

#5低压加热器凝结水进口电动门

#5低压加热器凝结水出口管道

#5低压加热器出水管道

#5低压加热器旁路电动门

#5低压加热器水位计

提醒

　　#5、6低压加热器液位正常水位线+0mm（#5、6低压加热器中心线下690mm处）显示；≤-40mm低报警；≤-80mm低低报警；≥40mm高一值报警；≥80mm高二值报警，联开危急疏水门；≥120mm高三值报警，低压加热器解列。

#7、8低压加热器管道图

提醒

　　#7、8低压加热器正常水位正常水位线+0mm（#7、8低压加热器中心线下750mm处）；≤-80mm低二值报警；≤-40mm低一值报警并关危急疏水阀；≥40mm高一值报警；≥80mm高二值报警并开危急疏水阀；≥120mm高三值解列低压加热器。

4.16.1.2 高压加热器概述

　　高压加热器作用：一方面，利用汽轮机抽汽来加热锅炉给水，提高给水温度，减少了锅炉受热面的传热温差，从而减少了给水加热过程的不可逆损失，减少给水在锅炉中的吸热量。另一方面，汽轮机抽汽回热给水的利用，减少了冷源损失，使蒸汽热量得到充分利用，机组整体热耗率下降。高压加热器由三部分组成：过热蒸汽冷却段、凝结段、疏水冷却段。

　　加热器必须在水位计完好、报警信号及保护装置动作正常的情况下允许投入运行。加热器投运时，应先投水侧再投汽侧；停运时，应先停汽侧再停水侧。低压加热器在凝结水系统注水时应投运水侧，高压加热器在锅炉上水时应投入水侧，完成低压下注水投运。低压加热器在机组冲转时随机滑启，高压加热器原则上应随机组滑启滑停，当因某种原因不能随机组滑启滑停时应按"由抽汽压力低到抽汽压力高"的顺序依次投入各台高压加热器，按"抽汽压力由高到低"的顺序依次停运各台高压加热器。高压加热器水侧投入时，单列高压加热器出口门全开后，再开启进口三通门。

加热器在停运期间的保养措施对其寿命有很大影响。加热器短期停运时，加热器汽、水侧须充满凝结水进行保养；如停运2个月以上则须进行充氮保护，方法为先将内部积水放尽，用压缩空气干燥内部，密封各管口然后抽去内部空气，形成真空后充入氮气。

#1A高压加热器侧面图

一段抽气至#1A高压加热器进汽

#1A高压加热器连续排汽管道

高压加热器压力表

#1A高压加热器汽侧连续排汽至除氧器一次门

#1A高压加热器汽侧压力表门

#1A高压加热器

附加说明

　　正常运行中运行人员须随时对设备上的人孔法兰、管道法兰的密封状况及设备外观和阀门等进行检查，如发现泄漏、变形、异常声响等现象，须立即汇报并采取措施。同时还应监视加热器的各项参数，如加热器的水位、进出水温度和流量、蒸汽压力、端差、疏水阀自动控制是否正常，通过与相同负荷下运行工况的比较，判断加热器内部管束是否存在泄漏或其他缺陷，尽早发现问题，及时处理。高压加热器投运前要检查高压加热器连续放气至除氧器一、二次门开启。

#1A高压加热器部分管道图

#1A高压加热器壳侧化学清洗一次手动门

#1A高压加热器管侧化学清洗进口一次手动门

#1A高压加热器管侧化学清洗进口二次手动门

#1A高压加热器汽侧安全阀排汽管疏水手动门

#1A高压加热器液位高二值液位开关

#1A高压加热器就地水位计

#1A高压加热器壳侧化学清洗二次手动门

#1A高压加热器汽侧A放水二次手动门

#1A高压加热器高二值液位开关排污手动门

#1A高压加热器高三值液位开关排污手动门

附加说明

　　高压加热器就地水位计为磁翻转式水位计。加热器水位应维持在正常水位运行，水位太高或太低都不利于正常运行。高压加热器正常水位线+0mm（高压加热器中心线下710mm处）显示，允许关闭危急疏水门；以正常水位为零位，≤−50mm低一值报警并关闭疏水阀；≥160mm高一值报警；≥210mm高二值报警并开危急疏水阀；≥610mm高三值解列高压加热器。

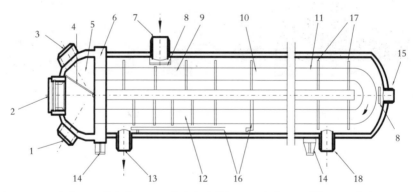

1—给水入口；2—人孔；3—给水出口；4—水室分流隔板；5—水室；6—管板；7—蒸汽入口；8—防冲板；9—过热蒸汽冷却段；10—凝结段；11—管束；12—疏水冷却段；13—正常疏水；14—支座；15—上级疏水入口；16—疏水冷却段密封件；17—管子支撑板；18—事故疏水

高压加热器剖面图

4.16.2　正常运行巡回检查及维护项目

4.16.2.1　正常运行巡回检查内容

（1）核对就地、远方水位计指示正确，就地水位显示清晰，各疏水阀动作正常。

（2）系统有无泄漏，高压加热器内部无异音。

（3）加热器保温良好，无振动及汽水冲击声，汽水管道无泄漏。

（4）加热器各处压力、温度指示随机组负荷变化正常。

（5）加热器在运行中应保证连续排气阀开启。

（6）系统各疏放水门位置正确。（加热器所有正常疏水及危急疏水手动门均应处于开启状态）

4.16.2.2　正常运行维护项目

（1）抽汽逆止门定期活动试验。

（2）高、低压加热器就地、远方水位计核对。

4.16.3　常见故障及危险点

（1）加热器水位过高或过低，加热器水位调门卡涩。

（2）高压加热器解列。

1）主要原因：高压加热器水侧严重泄漏或爆破，造成高水位保护动作而紧急停用；高压加热器汽水管道、阀门爆破而手动紧急停用高压加热器；高压加热器水位保护装置误动作。

2）处理方法：

a）检查相应一、二、三段抽汽逆止阀及电动门联关，高压加热器水侧进水三通阀关闭，高压加热器出口电动阀自动关闭，高压加热器事故疏水阀自动开启。

b）迅速将机组出力降至950MW以下，严防各抽汽参数超限运行。

c）根据给水温度下降值，迅速调整水燃比，维持中间点温度正常，并相应调整减温水，维持主蒸汽温度正常，严密监视锅炉受热面各部壁温防止超温；若给水自动控制不正常，应立即手动控制给水流量。

4.16.4 事故案例警示

某厂＃1机组#2高压加热器水位调整门卡涩，开关不动，A列高压加热器解列。

2004年5月6日，某厂高压加热器泄漏停运检修，运行人员未对系统进行严格隔离、消压，导致7名工作人员被烫伤。

2015年11月20日，某厂#1机3A高压加热器泄漏。

4.17 │ 机组快冷装置 ◢

4.17.1 系统简介

以汽轮机空气快冷装置采用YQL-300型汽轮机快速冷却装置为例，该系统利用通热空气的方式，在汽轮机停机后的冷却阶段，输送加热后干燥清洁的热空气，并保持与汽缸内壁一定的温差，由高温阶段的小流量逐渐调至低温阶段的大流量热空气。其工作气源为杂用压缩空气，接口为辅汽至高压缸预暖两个电动门之间和中压调门后导管疏水电动门前（8.6m），分两路进入汽轮机，分别对高、中压缸冷却后，经高压调门后导管疏水及低压缸，最后经低压缸安全阀排入大气。

4.17.2 正常运行巡回检查及维护项目

4.17.2.1 正常运行巡回检查内容

（1）就地快冷装置控制柜电流、温度指示正确。

（2）压缩空气压力表指示正确。

（3）快冷装置运行正常，各表计指示正确。

（4）快冷装置各阀门位置正确，系统管系无漏点。

（5）检查主机润滑油系统、盘车装置、低压缸喷水装置、循环水系统运行正常。

4.17.2.2 正常运行维护项目

（1）快冷装置投入时，根据缸温变化，及时调整快冷装置温度设定值。

（2）快冷装置投入时，根据缸温变化，及时调整压缩空气压力。

汽轮机快冷装置正面图

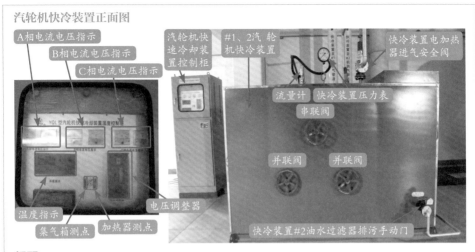

A相电流电压指示
B相电流电压指示
C相电流电压指示
汽轮机快速冷却装置控制柜
#1、2汽轮机快冷装置
快冷装置电加热器进气安全阀
流量计
快冷装置压力表
串联阀
并联阀
并联阀
温度指示
集气箱测点
加热器测点
电压调整器
快冷装置#2油水过滤器排污手动门

提醒

　　机组停运后需要投入快冷装置时，送上快冷装置电源，启动加热装置，打开压缩空气至快冷装置供气门（压缩空气流量80m³/min，压力0.25～0.8MPa，尽量保持在0.4MPa以上），加热温度设定到260～280℃。将快冷装置出口到系统集气联箱的管路预热到260~280℃（预热60min）。

汽轮机快冷装置侧面图

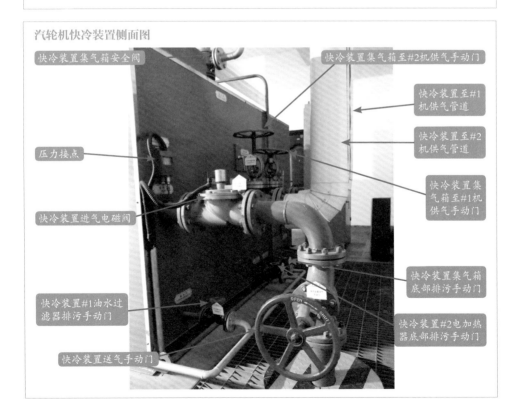

快冷装置集气箱安全阀
快冷装置集气箱至#2机供气手动门
快冷装置至#1机供气管道
快冷装置至#2机供气管道
压力接点
快冷装置集气箱至#1机供气手动门
快冷装置进气电磁阀
快冷装置集气箱底部排污手动门
快冷装置#1油水过滤器排污手动门
快冷装置#2电加热器底部排污手动门
快冷装置送气手动门

（3）定时对快冷装置进行疏水。

4.17.3　常见故障及危险点

快冷装置经多次投运以后，电气方面有可能会出现以下情况：

（1）出现三相电压不平衡时应检查三相快速熔断器（400A）和三相熔断器（15A）是否烧坏，如烧坏需更换。

（2）出现三相电流不平衡时应检查三相加热器电阻是否平衡。如果不平衡需检查单只加热棒是否烧坏，然后更换。

锅炉 篇

第5章

制粉系统

制粉系统是耗能大户之一，占用很大一部分厂用电率，达到20%左右，是整个锅炉的核心部件之一，其中，磨煤机是火力发电厂制粉系统的主要设备之一，其工作情况直接影响到火电厂制粉系统的安全运行。

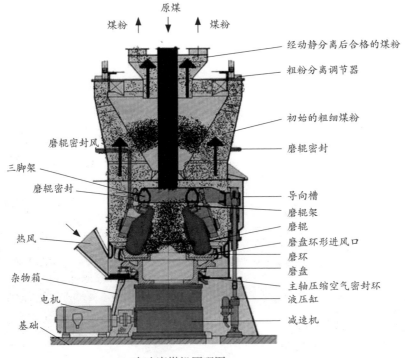

中速磨煤机原理图

5.1 磨煤机区域

5.1.1 区域简介

磨煤机采用的是中速磨正压直吹式，原煤由落煤管经由给煤机进入碾磨部件的表面之间，在压紧力（液压加载力）的作用下受到挤压和碾磨被粉碎成煤粉，由于碾磨部件的旋转，磨成的煤粉被抛至风环处，热风（一次风）以一定速度通过风环进入干燥空间，并将干燥后的煤粉带入上部煤粉分离器中，合格的煤粉由给粉管道送入炉膛内燃烧，不合格的煤粉将再次返回至碾磨区重磨。

5.1.2 正常运行巡回检查项目

（1）石子煤斗内石子煤量料位正常，无满磨，石子煤斗无火星。

（2）磨煤机润滑油压力>0.13MPa（磨煤机冷油器、滤网后压力），就地滤网压差正常（投用滤网指示环在"CLEAN"位，发现滤网指示"change"，应及时联系维护清理滤网），运行磨煤机变加载投入，磨加载油泵出口双筒油过滤器差压高<0.35MPa。

（3）磨煤机分离器干油站油位>270mm。

（4）磨煤机电机驱动端、非驱动端轴承温度<80℃。

（5）磨煤机系统设备、管道、安全门无漏灰、漏粉、漏油、漏风、冒烟、着火、自燃。

（6）各磨煤机消防蒸汽进汽手动门开启，消防蒸汽母管疏水微开备用。消防水、闭式水、工业水管道无跑冒滴漏。

（7）分离器干油泵油箱油位正常。

磨煤机石子煤头、液压油站

石子煤斗插板一次门
石子煤斗插板二次门
本体无漏风、漏粉
渣斗排空气门
料位控制器
液压油站油位（蓝色区域）
石子煤斗料位<2/3
石子煤斗排渣门就地控制箱

磨煤机料位

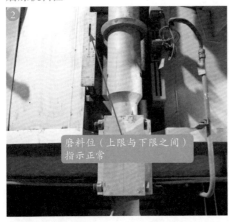

磨料位（上限与下限之间）指示正常

磨煤机防爆门

防爆门无漏风、漏粉

磨煤机液压油站表计

定加载压力（定加载运行时为系统压力）
关液动阀压力
排渣门压力
变加载压力
升磨辊压力
系统压力

附加说明

（1）正常运行时，若为变加载，则表计中变加载与系统压力表计如图所示；若为定加载，则表计中定加载与系统压力表计一致。

（2）启、停磨煤机，升、降磨辊时，磨辊压力表计会随之晃动；开、关液动阀时，液动阀压力表计也随之摆动。

（3）排渣门压力表未接（无计数）、定加载压力（定加载运行时为系统压力）、变加载压力为母管压力、升磨辊压力升降磨棍时，系统压力为油泵出口压力、关液动阀压力切除液加载力时有数值。磨煤机液压油站加载时加载压力≤2.5MPa低报警，≤2.0MPa低低报警。如何切除液压加载力将在10.1.4操作中进行说明。

磨煤机油站冷却水、密封风

密封风手动门

滤网阻力指示（蓝色区域）

运行泵声音、振动正常

消防蒸汽疏水门微开（备用）

闭式水回水窗有水流

消防水手动门

磨煤机油站控制柜

控制方式开关为开

油泵控制方式开关

显示灯与现场实际、DCS指示一致
无故障报警

附加说明

（1）磨煤机油站控制柜远方控制，就地/远方控制切换时注意防止运行油泵跳闸，引起磨煤机跳闸。

（2）磨煤机润滑油压力<0.1MPa，延时6s磨煤机跳闸。

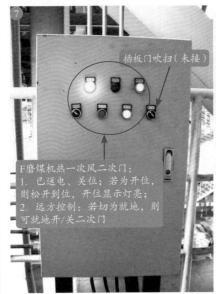

磨煤机插板门配电柜

插板门吹扫（未接）

F磨煤机热一次风二次门：
1．已送电、关位；若为开位，
则松开到位，开位显示灯亮；
2．远方控制：若切为就地，则
可就地开/关二次门

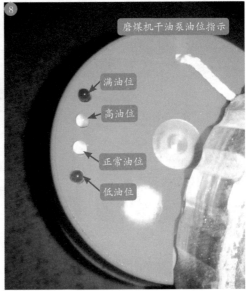

磨煤机干油泵油位

磨煤机干油泵油位指示

满油位

高油位

正常油位

低油位

附加说明

（1）减速机油池油温<25℃时，启动低速油泵，同时加热器开启工作；油温>28℃时，油泵切至高速；油温>30℃时，切断加热器。

（2）磨煤机磨盘有积煤，防止煤粉爆炸，在一次风投入前，投入防爆消防蒸汽6～10min。

5.2 | 密封风机区域 ◢

5.2.1 区域简介

每台锅炉配置100%容量的密封风机2台，一台运行、一台备用，供给6台磨煤机以及前插板门的密封风，防止煤粉外漏。密封风机吸风取自一次风机出口，经过滤器后吸入密封风机。

密封风压力应高于磨煤机进煤口风压，正常运行中密封风机出口母管压力与冷一次风母管压力（密封风机入口压力取最小值）的差压>3kPa。目前，给煤机密封风取自冷一次风，则密封风压高致使电耗增加。密封风压降低导致磨煤机各处密封处漏粉，漏粉进入磨盘密封处，损坏磨盘，密封磨盘的漏粉有可能进入润滑油；分离器密封失去，会导致轴承温度高，严重时甚至损坏轴承，拉杆密封处往外跑粉等。

5.2.2 正常运行巡回检查项目

（1）密封风机驱动端或非驱动端轴承温度≥80℃。

（2）密封风机电机驱动端或非驱动端轴承温度≥80℃。

（3）密封风机挡板无脱落，动叶调整开度与集中控制室一致。

（4）密封风机过滤器差压高≥1.2kPa。

（5）密封风机电机绕组温度<125℃。

（6）密封风机轴承振动<4.5mm/s。

（7）密封风机、电机无异音，风道无漏风。

密封风机表计

① 驱动端轴承温度：51℃

非驱动端轴承温度：40℃

密封风机挡板

② 密封风机入口调节挡板

密封风机入口电动门显示灯与现场实际、DCS显示一致

附加说明

密封风机停止允许条件（或）：
（1）两台一次风机停止。
（2）密封风机B运行且出口母管压力与冷一次风母管压力（密封风机入口压力取最小值）的差压>3kPa。密封风机停止条件：确认所有磨煤机均已停运后，解除备用密封风机"联锁"，解除运行密封风机入口调节挡板"自动"并缓慢关闭，停用运行密封风机，检查其出口三通门动作正常。
密封风机加装永磁调节器，其原理及说明将在10.3.7中加以说明。

5.3 给煤机区域

5.3.1 区域简介

原煤在给煤机内流程：煤仓中原煤→煤流检测器→煤斗闸门→落煤管→

给煤机进口→给煤机输送皮带→称重传感组件→断煤信号→给煤机出口→磨煤机。

给煤机的作用是根据磨煤机负荷的需要调节给煤量，并把原煤均匀连续地送入磨煤机中。给煤量的调节是通过改变电磁调速电动机的转速，即改变皮带的移动速度来实现的。在投自动的情况下，给煤机的转速能自动予以调节。

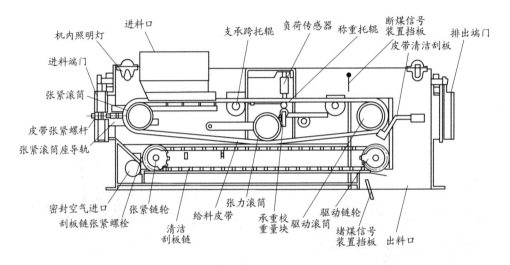

给煤机结构图

5.3.2　正常运行巡回检查项目

（1）给煤机观察窗干净、内部照明良好。

（2）运行给煤机皮带无偏斜，给煤机上下插板门开关到位。

（3）给煤机皮带秤位置正常，测量准确。

（4）给煤机清扫链运行正常，无异物，无异音。

（5）给煤机密封风投入正常，给煤机内部温度正常。

（6）各磨煤机出口粉管无漏粉。磨煤机出口插板控制柜电源正常，开关状态正确。

（7）各可调缩孔就地指示值与集中控制室一致。

（8）原煤仓各点温度接近室温。

给煤机观察窗

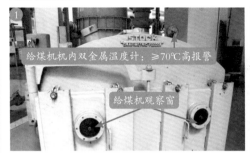

给煤机机内双金属温度计：≥70℃高报警

给煤机观察窗

粉管可调缩孔

粉管可调缩孔

磨煤机分离器出口气动门电控箱

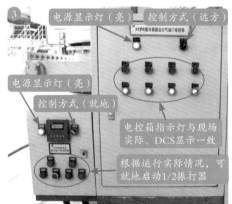

电源显示灯（亮）　控制方式（远方）

#1炉B磨分离器出口气动门电控箱

电源显示灯（亮）

控制方式（就地）

电控箱指示灯与现场实际、DCS显示一致

根据运行实际情况，可就地启动1/2振打器

给煤机控制柜

20CBA71GH01　#2炉A给煤机控制柜

给煤量统计正常无故障报警

控制柜电源开关（ON）

清扫链控制开关（AUTO）

给煤机机内工作灯开关（正常运行关）

原煤仓

原煤取样

原煤仓振打器电机

给煤机插板门控制箱

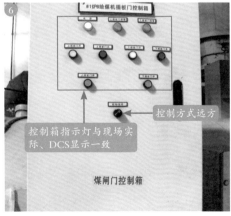

#1炉B给煤机插板门控制箱

控制方式远方

控制箱指示灯与现场实际、DCS显示一致

煤闸门控制箱

给煤机密封风

附加说明

　　危险源：给煤机下煤插板不严，密封风投入不好，磨煤机热风串入给煤机烧损皮带。给煤机皮带：张紧不足，皮带打滑，给煤机不下煤，但显示煤量正常。

　　备注：给煤机观察窗每次巡检应旋转清扫刷，保持清洁。

（图中标注：电动门显示灯、小开关与DCS指示一致；密封风电动门；密封风手动门）

5.4 一次风机区域 ◢

5.4.1　区域简介

　　一次风机工作原理：环境空气经滤网、消声器垂直进入两台轴流式一次风机，经一次风机提压后分两路；一路进入磨煤机前冷一次风管；另一路经空气预热器的一次风分仓，加热后进入磨煤机前热一次风母管。热风和冷风进入磨煤机前混合，通过冷、热一次风管出口处电动调节挡板和气动快关门，控制冷热风风量，保证磨煤机总的风量要求和出口温度。

　　一次风作用是供给磨煤机干燥燃煤和输送煤粉所需的热风、冷风，输送和干燥煤粉，并供给燃烧初期所需空气。一次风机的流量取决于燃烧系统所需的一次风量和空气预热器的漏风量。

5.4.2　正常运行巡回检查项目

　　（1）一次风机电机油站：润滑油供油母管压力>0.2MPa，润滑油温25～40℃，油箱油位3/4以上，控制方式在远方。

　　（2）一次风机油站：控制油母管压力≥2.5MPa，润滑油压流量>3L/min，油温25～40℃，油箱油位3/4以上，一次风机油过滤器差压<0.5MPa，控制油压<0.8MPa备用油泵联启，控制方式在远方。

（3）一次风机、电机无异音，风道无漏风。

（4）一次风机本体：一次风机轴承振动<4.5mm/s，测量并与集中控制室模拟量对比一致。

（5）一次风机电机前后轴承温度<70℃。

（6）一次风机支撑轴承温度、推力轴承温度<90℃。

（7）一次风机动叶调整开度、一次风机挡板与集中控制室一致。

一次风机电机油站

润滑油回油温度：37℃
冷油器出口压力：0.22MPa
滤网切换手柄
泵出口压力：0.22MPa
电机油站油箱油位（蓝色区域）
电机油站油箱油温：42℃

一次风机油站

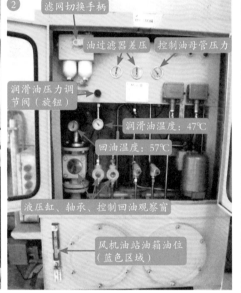

滤网切换手柄
油过滤器差压
控制油母管压力
润滑油压力调节阀（旋钮）
润滑油温度：47℃
回油温度：57℃
液压缸、轴承、控制回油观察窗
风机油站油箱油位（蓝色区域）

附加说明

　　风机油站滤网切换手柄在右侧，表明右侧滤网运行，左侧备用。

　　一次风母管压力异常升高、流量异常降低、出口门未全开，均会导致一次风机运行在不稳定区发生喘振，破坏一次风机动叶、轴承，引起燃烧不稳定，甚至锅炉灭火严重事故。

　　一次风机控制油压高，油管泄漏使一次风机油箱油位快速下降，造成控制油压失去，动叶不能调节。控制油压低时，禁止调节一次风机动叶，避免一次风机动叶调节时造成一次风机液压缸损坏。

一次风机电机油站控制柜

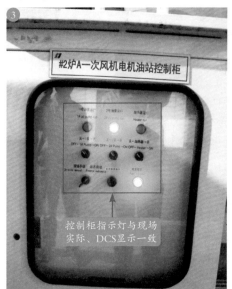

#2炉A一次风机电机油站控制柜

控制柜指示灯与现场
实际、DCS显示一致

一次风机油站控制柜

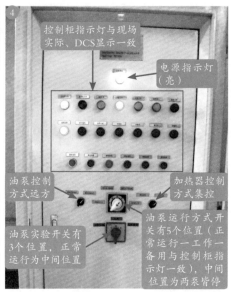

控制柜指示灯与现场
实际、DCS显示一致

电源指示灯
（亮）

油泵控制
方式远方

加热器控制
方式集控

油泵实验开关有
3个位置，正常
运行为中间位置

油泵运行方式开
关有5个位置（正
常运行—工作—
备用与控制柜指
示灯一致），中间
位置为两泵皆停

一次风机油站冷却水

#2炉A一次风机
油箱

冷却水回水观察窗

一次风机轴承箱油位窗

轴承箱油位窗

第6章

风烟系统

风烟系统是连续不断地给锅炉燃料燃烧提供所需的空气量，并按燃烧的要求分配风量送到炉膛，在炉膛内为煤、油的燃烧提供充足的氧量，同时使燃烧生成的含尘烟气流经各受热面和烟气净化装置后，最终由烟筒排至大气。

6.1 空气预热器区域

6.1.1 区域简介

空气预热器是利用锅炉尾部烟气热量来加热燃烧所需要空气的一种热交换装置。空气预热器工作在烟气温度最低的区域，通过回收烟气热量，提高燃烧空气温度，减少了不完全燃烧损失，进而提高锅炉效率。

正常运行中，应及时调整、下压空气预热器扇形板，减少空气预热器漏风率，严密监视空气预热器进出口烟气压差，当烟气压差在机组满负荷时达1.5kPa时，应增加空气预热器吹灰频次。

6.1.2 正常运行巡回检查项目

（1）空气预热器就地控制柜正常，无故障报警。

（2）空气预热器间隙调整装置正常，间隙测量指示锅炉电子间、就地控制柜、就地指示刻度一致。

（3）空气预热器热点探测装置正常，温度正常，无报警。

（4）空气预热器上下轴承油位正常，油温高冷却油泵启动正常，无渗漏油。

（5）空气预热器消防水门、工业水冲洗门关闭备用良好，高压冲洗水电动门关闭。

（6）入口烟气挡板、送风机、一次风机出口挡板就地位置与集中控制室位置一致。

（7）声波吹灰器运行正常。

空气预热器变频控制柜

控制柜指示灯与现场实际、DCS显示一致

#1炉A空预器变频控制柜

异常复位　紧急停用　控制开关停止

空气预热器就地间隙指示

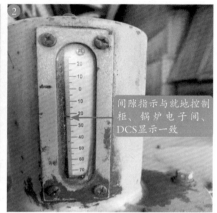

间隙指示与就地控制柜、锅炉电子间、DCS显示一致

空气预热器间隙控制系统

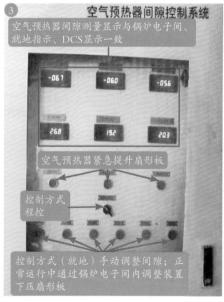

空气预热器间隙控制系统

空气预热器间隙测量显示与锅炉电子间、就地指示、DCS显示一致

-067　-060　-056

268　192　203

空气预热器紧急提升扇形板

控制方式程控

控制方式（就地）手动调整间隙；正常运行中通过锅炉电子间内调整装置下压扇形板

空气预热器声波吹灰器控制箱

空气预热器声波吹灰控制箱变频、自动运行正常，无故障报警

附加说明

　　正常运行中，#1炉A空气预热器绝对位移−20mm，#1炉B空气预热器绝对位移−5mm，#2炉A、B空气预热器绝对位移−30mm左右。

空气预热器稀油站控制箱

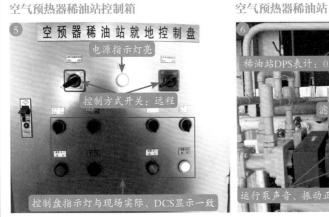

5 空预器稀油站就地控制盘

电源指示灯亮

控制方式开关：远程

控制盘指示灯与现场实际、DCS显示一致

空气预热器稀油站

6 稀油站TI表计：39℃

稀油站DPS表计：0.11MPa

冷油器出口手动门

滤网切换手柄

冷油器出口手动门

运行泵声音、振动正常

空气预热器上轴承油位

7

空气预热器上轴承油位卡尺

空气预热器下轴承油位

8 空气预热器下轴承油位

密封环形油池油位

回油油位

油箱油位

空气预热器工业水

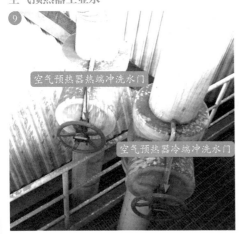

9

空气预热器热端冲洗水门

空气预热器冷端冲洗水门

空气预热器冲洗水池

10

排污泵出口电动门

高压冲洗水排污泵

空气预热器A声波吹灰

吹灰压力：0.36MPa

空气预热器热点检测系统

空气预热器热点检测系统

空气预热器热点探测装置

附加说明

　　#2炉A、B空气预热器设置有声波吹灰器，A空气预热器烟气侧热端以及二次风侧冷端各安装1台ENSG-G-Ⅲ型"奥笛"可调频高声强声波吹灰器，吹灰器工作时使用≥0.2MPa的压缩空气；B空气预热器烟气侧热端加装2台DRH-KZ/W01型低频声波除灰器，吹灰器工作时需气源压强为0.2～0.8MPa。

空气预热器驱动装置

空气预热器副电机

压缩空气进气滤网

空气预热器主电机

空气预热器气动马达

6.2 送风机区域

6.2.1 区域简介

　　送风机工作原理：环境空气经滤网、消声器、暖风器垂直进入2台轴流式送风机，由送风机提压后，经冷二次风进入2台容克式三分仓空气预热器的二次风分仓中预热，加热后的热风作为二次风由热二次风道送至二次风箱，分别由燃烧器和燃尽风喷口进入炉膛。其中，燃尽风可以减少炉膛内形成的氮氧化合物的排放量，有利于减少炉膛出口氮氧化合物的生成。

送风机和一次风机均采用挠性联轴承器，即在电动机与风机之间装有一段中间轴，在它们的连接处装有数片弹簧片，其具有尺寸小、自动对中、适应性强的特点。一次风机主轴承采用滚柱轴承并带有一个焊接轴承箱，可承受转子全部的载荷。主轴、轴承箱和动叶调节的液压缸全部位于风机的芯筒内。

送风机流量取决于锅炉负荷。送风机的出口压头决定于在给定流量下流经空气预热器、风道、二次风箱和燃烧器的压降。送风机风压与流量通过风机的叶片角与二次风箱挡板进行控制。

6.2.2 正常运行巡回检查项目

（1）送风机电机油站：润滑油供油母管压力 > 0.2MPa，润滑油温25～40℃，油箱油位3/4以上，控制方式在远方。

（2）送风机油站：控制油母管压力 ≥2.5MPa，润滑油压流量 > 3L/min，油温25～40℃，油箱油位3/4以上，送风机油过滤器差压 < 0.5MPa，控制油压 < 0.8MPa备用油泵联启，控制方式在远方。

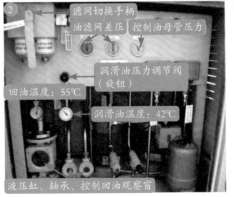

附加说明

风机油站滤网切换手柄在右侧，表明左侧滤网运行，右侧备用。正常运行中可以通过触摸滤网，滤网发热则表示其运行，另一侧备用。

送风机电机油站控制柜

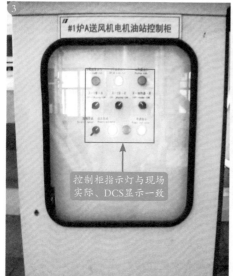

#1炉A送风机电机油站控制柜

控制柜指示灯与现场实际、DCS显示一致

送风机油站控制柜

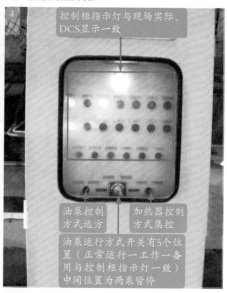

控制柜指示灯与现场实际、DCS显示一致

油泵控制方式远方

加热器控制方式集控

油泵运行方式开关有5个位置（正常运行一工作一备用与控制柜指示灯一致）中间位置为两泵皆停

送风机电机油站冷却水

冷却水回水窗

送风机轴承箱油位

轴承箱油位窗

送风机动叶调节开度

动叶调节开度与DCS显示一致

冷凝水箱液位计

冷凝水箱液位：①≥450mm，高水位报警；②≥950mm，高高水位报警；③≤-550mm，低低水位报警；④≤-1600mm，低低水位报警；⑤≤-1700mm，危险低水位（关相应的疏水阀）

冷凝疏水泵

- ⑨
- 冷凝疏水泵出口电动门
- 冷凝疏水泵出口逆止门
- 冷凝疏水泵出口压力表一次门
- 冷凝疏水泵最小流量阀
- 冷凝疏水泵入口手动门
- 冷凝疏水泵出口至无压放水手动门
- 钢丝绳电动葫芦
- 冷凝疏水泵轴承油位
- 冷凝疏水泵入口压力表一次门
- 无压放水母管观察窗

冷凝水箱旁路门

- ⑩
- 冷凝水箱至机组排水槽旁路门50℃以下允许去排水槽

冷凝水箱入口管道

- ⑪
- 工业水至冷凝水箱电动门前手动门
- 工业水至冷凝水箱电动门
- 工业水至冷凝水箱电动门后手动门

附加说明

冷却外排水：正常运行中有两路，一路至低压侧凝汽器，另一路至高压侧凝汽器（电动门前有一路去虹吸井，检查该路手动门关闭，以防影响机组真空）。

附加说明

危险源：送风机出口母管压力升高、流量降低，出口门未全开，均会导致送风机运行在不稳定区发生喘振，破坏送风机动叶、轴承，引起燃烧不稳定，甚至锅炉灭火严重事故。

送风机控制油压高，油管泄漏使送风机油箱油位快速下降，造成控制油压失去，动叶不能调节。控制油压低时，禁止调节送风机动叶开度，避免送风机动叶调节时造成送风机液压油缸损坏。

备注：正常运行中，送风机滤网切换、油泵定期工作等操作将在第10章中给予说明；冷凝疏水箱定期取样化验水质（取样门介质冷凝疏水泵出口母管上，需开启疏水泵取样），严格按照规定措施，确定是否回收。

正常运行时要严密监视风机电流、进出口风压、风量、轴承温度、振动、润滑油流量、电机绕组温度等参数以便提前发现问题。巡检时检查轴承温度、振动、窜轴不超过规定，轴承、地脚螺栓无松动现象，风机无漏风、漏灰、漏油、漏水现象，需检查风机及电机各系统和转动部分的声音是否正常等，如有异常应立即进行处理。

（3）送风机轴承振动<4.5mm/s，测量并与集中控制室模拟量对比一致。

（4）送风机、电机无异音，风道无漏风。

（5）送风机电机前后轴承温度<70℃。

（6）送风机支撑轴承温度、推力轴承温度<90℃。

（7）送风机动叶调整开度、出口挡板开关与集中控制室一致。

（8）冷凝水箱水位不高，冷凝疏水泵备用良好。

6.3 暖风器区域

6.3.1 区域简介

进入空气预热器的二次风在风机的进口处设有暖风器。暖风器的作用是提升空气预热器的冷端温度，防止低温腐蚀。

6.3.2 正常运行巡回检查项目

（1）暖风器疏水泵控制柜：

1）A、B疏水泵电压显示正常。

2）A、B疏水泵指示灯与DCS显示一致。

3）A、B疏水泵就地/远方切换正常。

4）暖风器疏水泵运行时振动、声音正常。

（2）暖风器疏水箱：

1）正常压力＜设计压力（1.34MPa）。

2）安全阀启座压力为1.5MPa。

3）暖风器疏水箱水位在所标注范围内。

4）暖风器区域无漏水现象。

6.4 | 吸风机区域 ◢

6.4.1 区域简介

调节吸风机动叶角度，改变风机流量保持一定的炉膛负压。吸风机的进口压力与锅炉负荷、烟气通流阻力有关。其流量决定于炉内燃烧产物的容积及炉膛出口后所有漏入的空气量。其压头应与烟气流经受热面、烟道、除尘器和挡板所克服的阻力相等。

炉膛负压主要是靠调节吸风机的挡板开度来控制的。如果吸风机出力不足，或挡板调节失灵时，炉内可能出现正压状态，此时，烟气或火焰向外泄漏，不仅污染工作环境，而且对设备及人身构成危险；如果吸风机抽吸力过大，此时，炉内气流明显向上翘，火焰中心上移，炉膛出口烟温升高，引起汽温升高或过热器结渣，导致不完全燃烧。

6.4.2 正常运行巡回检查项目

（1）吸风机电机油站：油箱油位距引风机油箱上部400mm以内，吸风机润滑油供油母管压力0.22～0.4MPa，过滤器差压＜0.18MPa，润滑油温25～40℃，控制方式在远方。

（2）吸风机油站：油箱油位距吸风机油箱上部400mm以内，吸风机润滑油供油母管压力＞0.18MPa，吸风机控制油母管压力≥3.8MPa；吸风机控制油、润滑油过滤器差压＜0.18MPa，润滑油温25～40℃，控制方式在远方。吸风机润滑

吸风机电机油站

润滑油回油温度：50℃

滤网出口压力

冷却器出口油温：34℃

润滑油出口压力：0.26MPa

冷却器进口油温：48℃

油箱油温：54℃

润滑油压：0.79MPa

吸风机电机油站控制箱

锅炉四暖风机电机油站控制柜

控制方式
远方

电机油站油箱油位
（蓝色区域）

控制柜指示灯与DCS显示一致

附加说明

危险源：吸风机出口阻力高、压力升高、流量降低，均会导致吸风机运行在不稳定区发生喘振，破坏吸风机动叶、轴承，引起燃烧不稳定，甚至锅炉灭火严重事故。

吸风机控制油压高，油管泄漏使引风机油箱油位快速下降，造成控制油压失去，动叶不能调节。控制油压低时，禁止调节吸风机动叶开度，避免吸风机动叶调节时造成引风机液压缸损坏。

吸风机油站

润滑油压：0.35MPa

控制油压：0.39MPa

冷却器进口：0.7MPa

控制油出口：0.24MPa

润滑油出口：0.38MPa

液压缸、轴承、控制回油观察窗

吸风机油站控制箱

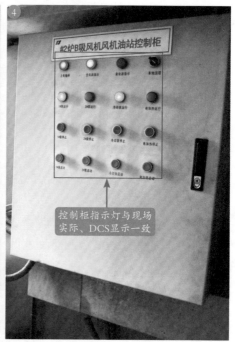

#2炉B吸风机风机油站控制柜

控制柜指示灯与现场
实际、DCS显示一致

吸风机风机油站冷却水

吸风机电机轴承油流窗

吸风机轴承冷却风机

吸风机轴承轴位窗

油母管压力≤0.12MPa，备用油泵联启，控制方式在远方。

（3）吸风机、电机无异音，风道无漏风。

（4）吸风机本体：吸风机轴承振动＜4.6mm/s，测量并与集中控制室模拟量对比一致。

（5）吸风机电机前后轴承温度＜70℃。

（6）吸风机支撑轴承温度、推力轴承温度＜90℃。

（7）吸风机动叶调整开度、吸风机系统挡板开关与集中控制室一致。

第7章

干除渣系统

7.1 系统简介 ◢

　　干除渣系统原理：高温热炉渣经过炉底排渣装置落到钢带输渣机的输送带上，并逐渐再次燃烧，随输送钢带低速移动，在锅炉负压作用下，通过钢带输渣机壳体四周通风孔及钢带输渣机冷却风电动调节门进入的冷空气冷却热炉渣，最后冷却的炉渣被钢带输渣机送入碎渣机，再经二次钢带输渣机、斗提机进入渣仓。

　　机组并列后投入运行，正常运行中可保留几个通风孔门，用冷却风电动门调节实时温度，以达到最佳调整方式；同时扫链处观察孔门（靠低处）应关闭，发现有开启的，及时关闭以免影响炉膛负压；根据渣量情况及时调整钢带频率；减少钢带漏风，尽量提高进入炉膛内漏风的温度。

7.2 正常运行巡回检查项目 ◢

　　（1）钢带检查孔门均关闭。

　　（2）渣井无积渣现象。

　　（3）就地油箱油位正常、钢带清扫链张紧压力正常。

　　（4）渣仓仓位不高，＜7m。

　　（5）各设备运行正常。

　　（6）控制柜各指示灯指示正确。

　　（7）炉底水封水位正常，水封保持微溢流。

　　（8）炉水循环泵（BCP）备用良好。

炉底水封溢流管

#2炉水封精溢水管

钢带通风口门

钢带观察门

炉底水封溢流（微溢流）

干除渣渣井

干除渣渣井积渣观察处

干除渣液压轴

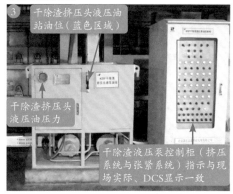

干除渣挤压头液压油站油位（蓝色区域）

干除渣挤压头液压油压力

干除渣液压泵控制柜（挤压系统与张紧系统）指示与现场实际、DCS显示一致

干除渣张紧油站

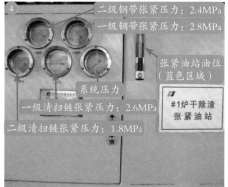

二级钢带张紧压力：2.4MPa

一级钢带张紧压力：2.8MPa

张紧油站油位（蓝色区域）

系统压力

#1炉干除渣张紧油站

一级清扫链张紧压力：2.6MPa

二级清扫链张紧压力：1.8MPa

干除渣钢带

一级钢带冷却风进风口

碎渣机电机

碎渣机

钢带通风口门

钢带连通电动门

钢带观察门

135

炉底水封

炉底水封

渣井落渣

渣井落渣

BCP泵

高压换热器出口门

高压换热器入口门

热交换器低压水出口门

高压换热器放气门

热交换器低压水入口门

省煤器出口管道

省煤器出口至361阀、BCP暖管总电动门

储水罐水位调节阀361阀手动总门

第 8 章

锅炉燃烧系统

燃烧系统采用前后墙对冲燃烧，燃烧器采用旋流低氮氧化合物燃烧器。燃烧系统共布置有20只燃尽风喷口，48只燃烧器喷口，共68个喷口。燃烧器分3层，每层共8只，前后墙各布置24只旋流燃烧器；在前后墙距最上层燃烧器喷口一定距离处布置有一层燃尽风喷口，每层10只，前后墙各布置10只（燃尽风喷口8个，侧燃尽风喷口2个）。

燃烧器每层风室的入口处均设有风门挡板，所有风门挡板均配有执行器，可程控调节。全炉共配有16个风门用电动执行器，执行器上配有位置反馈装置，执行器上配有故障自锁保位功能。

8.1 火检冷却风机区域

8.1.1 区域简介

每炉设置2台火检冷却风机，采用就地吸风方式。

8.1.2 正常运行巡回检查项目

（1）火检冷却风机运行正常，火检冷却风压力稳定在6kPa左右，如发现火检冷却风压力下降，应判断原因，切换火检冷却风机，清理火检冷却风机入口滤网。

（2）运行火检冷却风机电流低于额定电流40A。

（3）备用火检冷却风机不倒转。火检冷却风机入口滤网清洁。

（4）各火检冷却风门开启。手动抄录火检冷却风压。

（5）火检冷却风机切换时应启动备用火检冷却风机，观察其出口压力正常后方可停运运行火检冷却风机。

（6）火检冷却风机入口滤网堵塞会造成火检冷却风机出口压力低，火检探头烧坏，火检无法正常检测，导致磨煤机跳闸、锅炉MFT，影响锅炉安全运行。

（7）火检冷却风压力低，火检冷却风机异常跳闸，及时开启一次风出口至火检冷却风门，恢复火检冷却风系统。

8.2 微油点火区域

8.2.1 区域简介

微油点火系统主要由以下几部分构成：强化燃烧气化小油枪，煤粉燃烧器及浓缩装置，辅助系统（包括油系统、压缩空气系统、助燃风系统），检测与控制系统以及制粉系统等。

气化小油枪工作原理：利用压缩空气的高速射流将燃油直接击碎，雾化成超细油滴并燃烧，同时用燃烧产生的热量对燃料进行初期加热、扩容、后期加热，在极短的时间内完成油滴的蒸发气化，使油枪在正常燃烧过程中直接燃烧

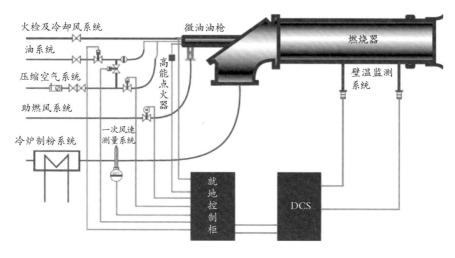

微油点火系统

气体燃料，从而大大提高燃烧效率及火焰温度。气化燃烧后的火焰刚性极强，其传播速度超过声速，火焰呈完全透明状，中心温度高达1500～2000℃，可作为高温火核在煤粉燃烧器内直接点燃煤粉，从而实现电站锅炉启动、停止以及低负荷稳燃中以煤代油的目的。

气化小油枪所用压缩空气主要是用于点火时实现燃油雾化、正常燃烧时加速燃油气化及补充前期燃烧需要的氧量；高压风主要用于补充后期加速燃烧所需氧量。

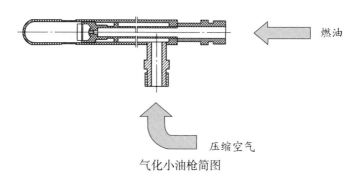

气化小油枪简图

点燃煤粉工作原理：微油气化油枪燃烧形成的高温火焰，使进入一次室的浓相煤粉颗粒温度急剧升高、破裂粉碎，并释放出大量的挥发分迅速着火燃烧，然后由已着火燃烧的浓相煤粉在二次室内与稀相煤粉混合并点燃稀相煤粉，实现煤粉的分级燃烧，燃烧能量逐级放大，达到点火并加速煤粉燃烧目的，大大减少煤粉燃烧所需的引燃能量，并满足锅炉启、停及低负荷稳燃的需求。

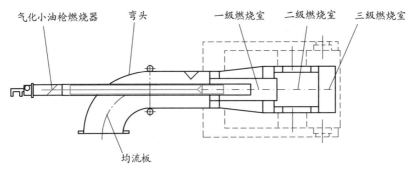

煤粉分级燃烧示意图

8.2.2　正常运行巡回检查项目

（1）微油补油手动门开启，储油罐油位正常，微油进油、压缩空气雾化、一次风助燃手动门开启正常，油枪处于备用状态。

（2）油枪停运，进油电磁阀关闭状态。

（3）油枪停运，吹扫蒸汽电磁阀关闭状态。

（4）核对中心风、处二次风、两侧风箱挡板开度与集中控制室开度一致。

（5）各油枪、油管道、吹扫蒸汽管道无泄漏，喷燃器、送粉管无漏粉。

（6）微油点火控制箱电源指示灯显示与就地各个阀门状态实际情况一致。

（7）各喷燃器入口粉管壁温测量排出堵管、自燃（与磨煤机出口风温比较，如大幅低于分离器出口温度，且低于同层其他粉管壁温，判断粉管堵塞，进一步汇报处理）。停运喷燃器自然冷却风管负压检查。

为了使磨煤机提前启动制粉，该炉在热一次风进F磨煤机风道处并接一蒸汽加热器（由热一次风联络母管引出接至F磨煤机进口混合风门前，在暖风器前设隔绝风门），锅炉点火启动前投入加热器，启动后期（空气预热器出口二次风温度高于180℃）停止暖风器，将F磨煤机风源切至F磨煤机主风道并关闭暖风器进口风门。

微油稳压装置

稳压装置罐顶压力（0.6MPa）

燃油供油母管进蓄能装置前电磁阀#1（开）、#2（关）

稳压蓄能液位开关

微油进油入口滤网一工作一备用

附加说明

（1）稳压蓄能罐上设有三个液位，"低"为进油、"高"为停止进油、"高高"为保护。

（2）当稳压蓄能罐罐顶压力≥1.0MPa时通过罐顶压力变送器送信号给DCS，由DCS发出报警和指令关闭油滤网之间的"气动液位保护阀"，提高系统可靠性。

（3）当稳压蓄能罐罐顶压力≤0.6MPa时通过燃油管道向罐内补充，由于沿程阻力进油压力高于罐内压力，罐内气体受压缩，利用压缩空气吸收这部分能量。

微油燃烧器正面图

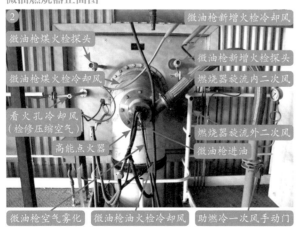

微油枪新增火检冷却风

微油枪煤火检探头

微油枪新增火检探头

微油枪煤火检冷却风

燃烧器旋流内二次风

看火孔冷却风（检修压缩空气）

燃烧器旋流外二次风

高能点火器

微油枪进油

微油枪空气雾化

微油枪油火检冷却风

助燃冷一次风手动门

附加说明

（1）燃烧器为双调风旋流式，实现少油量对煤粉的分级点火、分级燃烧。

（2）燃烧器内设有挡板用来调节旋流内二次风和旋流外二次风之间的分配比例。

（3）旋流内二次风调节机构采用手动形式，旋流外二次风采用执行器进行程控调节。

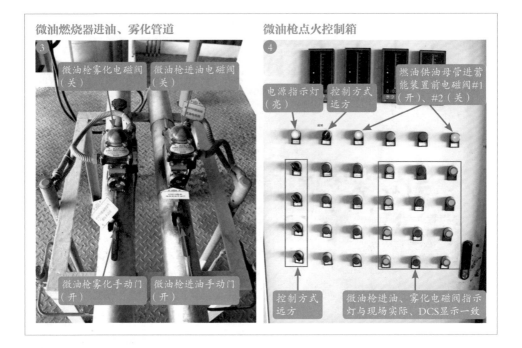

微油燃烧器进油、雾化管道

微油枪点火控制箱

③

微油枪雾化电磁阀
（关）

微油枪进油电磁阀
（关）

电源指示灯
（亮）

控制方式
远方

燃油供油母管进蓄
能装置前电磁阀#1
（开）、#2（关）

微油枪雾化手动门
（开）

微油枪进油手动门
（开）

控制方式
远方

微油枪进油、雾化电磁阀指示
灯与现场实际、DCS显示一致

8.3 燃烧器区域

　　锅炉燃烧设备由燃烧室（炉膛）和燃烧器两部分组成。煤粉炉的燃烧器包括作为主燃烧器的煤粉燃烧器，辅助燃烧的油燃烧器和点火装置。煤粉和燃烧空气由燃烧器给入，并与炉膛共同构成它们在炉内的流动过程中完成。

　　煤粉燃烧器是煤粉的燃烧设备，携带煤粉的一次风和不带煤粉的二次风都经过燃烧器进入炉膛，并使煤粉在炉内充分的着火和燃烧。燃料的燃烧过程是由炉膛和燃烧器共同组织，但煤粉气流与燃烧空气通过燃烧器进入炉膛内，流量、流速、方向等所有流动和燃烧过程的特性，在很大程度上取决于燃烧器，炉膛只是提供燃烧过程所需的空间；使炉膛的几何形状与燃烧器所组织的流动特性相适应，提供为达到合适的炉膛出口烟温所需敷设的受热面积。

　　燃烧器形式通常可分为直流式燃烧器、旋流式燃烧器和平流式燃烧器三大类。该工程采用旋流式燃烧器，该燃烧器采用"火焰内氮氧化合物还原"的思想，它能够适应不同煤种的要求。

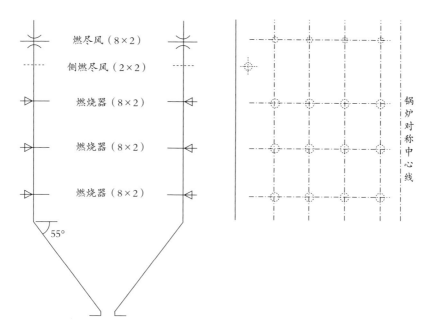

燃尽风（8×2）

侧燃尽风（2×2）

燃烧器（8×2）

燃烧器（8×2）

燃烧器（8×2）

55°

锅炉对称中心线

燃烧器布置简图

8.3.1 煤粉燃烧器的配风

旋流式燃烧器中燃烧空气被分为中心风、一次风、直流二次风和旋流二次风。

一次风：一次风由一次风机提供。它首先进入磨煤机干燥原煤并携带磨制合格的煤粉通过燃烧器的一次风入口弯头组件进入燃烧器，再流经燃烧器的一次风管，最后进入炉膛。

中心风：燃烧器内设有中心风管，其中并布置点火设备。一股小流量的中心风通过中心风管送入炉膛，以调整燃烧器中心回流区的轴向位置，并提供点火时所需要的根部风。

直流二次风和旋流二次风：燃烧器风箱为每个旋流式燃烧器提供直流二次风和旋流二次风。风箱采用大风箱结构，同时每层又用隔板分隔。在每层燃烧器入口处设有风门执行器，以根据需要调整各层空气的风量。风门执行器可程控操作。直流二次风调节结构采用手动形式，旋流二次风采用执行器进行程控调节。

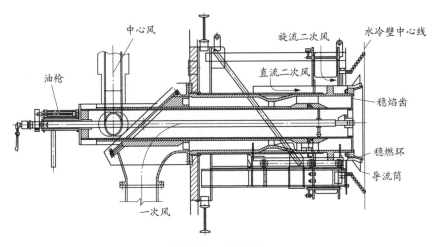

旋流的配风示意图

8.3.2　燃尽风

前后墙的燃尽风喷口均布置10个［燃尽风喷口（AAP）8个，侧燃尽风喷口（SAP）2个］，燃尽风主要由中心风、内二次风、外二次风、调风器及壳体等组成。

中心风为直流风，内、外二次风为旋流风。其中中心风通过手柄调节套筒

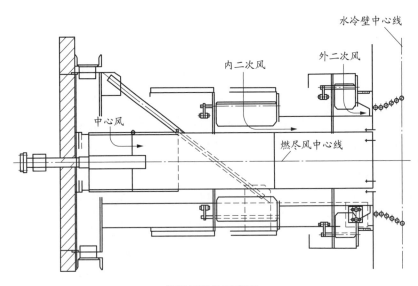

燃尽风结构示意图

位置来进行风量的调节；内、外二次风通过调节挡板、调风器（其开度通过手动调节机构来调节）实现风量的调节。

侧燃尽风主要由中心风、外二次风调风器及壳体等组成。中心风为直流风，外二次风为旋流风。其中中心风通过手柄调节套筒位置来进行风量的调节；外二次风通过调节挡板、调风器（其开度通过手动调节结构来调节）实现风量的调节。燃尽风总风量的调节通过风箱入口风门执行器来实现调节。

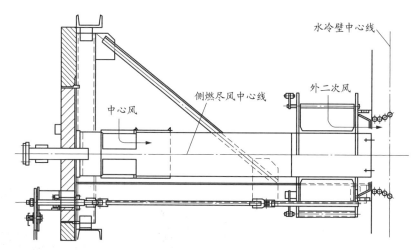

侧燃尽风结构示意图

8.3.3 燃烧器喉口

经验表明旋流燃烧器喉口设计对燃烧器性能（火焰稳定性、燃烧器区域结渣的控制等）和整个炉膛都有十分重要的影响。喉口有合理的旋角，能形成良好的出口流场，有利于组织旋流燃烧。现场安装好后的燃烧器喉口部位见图8-8。

现场安装好后的燃烧器喉口部位

8.3.4 正常运行巡回检查项目

（1）油枪停运，进油电磁阀关闭状态，手动进油阀、吹扫阀开启，油枪处于备用状态。

（2）油枪停运，吹扫蒸汽电磁阀关闭状态。

（3）停运喷燃器自然冷却风门开启正常，投运喷燃器冷却风门关闭严密无漏粉。

（4）核对中心风、外二次风、两侧风箱挡板开度与集中控制室开度一致。

（5）各油枪、油管道、吹扫蒸汽管道无泄漏，喷燃器、送粉管无漏粉。

（6）各喷燃器入口粉管壁温测量，以判断粉管堵塞或内部着火。

（7）侧墙观火孔门关闭严密。手动抄录粉管温度。

大油枪燃烧器正面图

燃油供油母管压力表

燃油供油母管压力
（3.6MPa）

燃油吹扫手动门

喷燃器自然冷却
风口逆止门（开
关状态应正确）

燃油吹扫电磁阀

燃油进油手动门　燃油进油电磁阀

油枪吹扫管道

油枪压缩空气吹扫手动门

油枪压缩空气吹扫逆止门

油枪蒸汽吹扫手动二次门

附加说明

　　正常运行中，油枪蒸汽吹扫手动一次门（燃油平台）关闭，油枪蒸汽吹扫手动二次门开启。

附加说明

　　（1）燃油压力高于蒸汽压力，吹扫蒸汽快关门关不严，燃油串到蒸汽侧，影响蒸汽品质。冬季蒸汽凝结水上冻造成阀门、管道冻裂。

　　（2）需就地检查燃油供油母管压力≥3.0MPa，正常运行；燃油母管压力≤0.72MPa，低报警；燃油母管压力≤0.64MPa，OFT动作。

　　（3）正常运行中磨煤机停运，相应层喷燃器自然冷却风门自动开启。

8.4　燃尽风区域

　　燃尽风主要由中心风、内二次风、外二次风、调风器及壳体等组成。侧燃尽风主要由中心风，外二次风调节器及壳体等组成。前后墙均布置10个（燃尽风喷口8个，侧燃尽风喷口2个），使燃尽风沿炉宽方向覆盖整个一次风。

　　燃尽风风口包含两股独立的气流：中央气流是非旋转的气流，直接穿透进入炉膛中心；外圈气流是旋转气流，与靠近炉膛水冷壁的上升烟气进行混合。

燃尽风

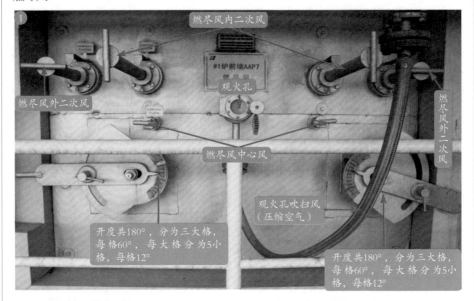

燃尽风内二次风

#1炉前墙AAP7
燃尽风

观火孔

燃尽风外二次风

燃尽风外二次风

燃尽风中心风

观火孔吹扫风
（压缩空气）

开度共180°，分为三大格，
每格60°，每大格分为5小
格，每格12°

开度共180°，分为三大格，
每格60°，每大格分为5小
格，每格12°

二次风箱至燃尽风调门

二次风箱至燃尽风调门

侧燃尽风

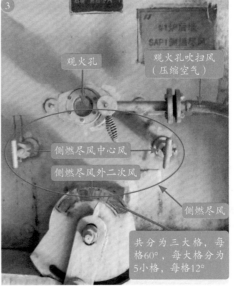

观火孔

观火孔吹扫风
（压缩空气）

侧燃尽风中心风

侧燃尽风外二次风

侧燃尽风

共分为三大格，每
格60°，每大格分为
5小格，每格12°

附加说明

　　燃尽风总风量的调节通过风箱入口风门执行器来调节。

8.5 | 吹灰区域

8.5.1 区域简介

吹灰系统包括吹灰器、1套减压站、吹灰管道及其固定和导向装置等。减压站减温水来自锅炉再热器减温水总管。除灰器汽源取自低温再热器入口连接管的左右两侧。吹灰器的作用是清理受热面的结渣和积灰，维持受热面的清洁，以保证锅炉安全运行。

锅炉装有吹灰器138只，其中炉膛吹灰器82只、长伸缩式吹灰器34只、半伸缩式吹灰器18只。可实现远程操作。

8.5.2 正常运行巡回检查项目

（1）吹灰器投入、退出无外漏。

（2）吹灰器投入、退出无卡涩、异音，退出后进汽阀关闭正常，无内漏。

（3）吹灰器枪管无弯曲。

（4）检查吹灰器供汽母管温度指示、压力指示与DCS压力指示一致，吹灰器疏水温度＞200℃。

（5）注意防止高温烫伤。

吹灰器总汽源管道

低温再热器吹灰管道

1 吹灰总汽源手动门
吹灰总汽源气动调门
吹灰总汽源安全阀
吹灰总汽源电动门

2 B侧低温再热器入口吹灰汽源至吹灰蒸汽母管手动门
B侧低温再热器入口吹灰汽源变送器手动门
B侧低温再热器入口吹灰汽源测温

半长吹吹灰器

半长吹吹灰控制箱
（可就地/远方进、退）

自然冷却风口
（吹灰停运后自然冷却风口正常无漏水、冒汽、自然吸气）

半长吹吹灰器
（吹灰结束确认退出）

炉膛烟温探针控制箱

炉膛烟温探针控制箱

附加说明

（1）锅炉点火后投入烟温探针。

（2）机组并网后应退出炉膛#1、2烟温探针，若炉膛出口温度达540℃，烟温探针自动退出。

炉膛烟温探针

炉膛烟温探针

附加说明

（1）烟温探针为铠装双支热电偶，温度信号2付，一付作为退回动作和报警用，另一付与温度显示仪表连接，探针枪采用非冷式。

（2）烟温探针可不定期连续或间隙前进，也可停留在任意位置，超温时自动退回，报警烟温为540℃，退回温度为540℃。

锅炉左墙烟温探针吹灰器

锅炉左墙烟温探针压力表

锅炉左墙烟温探针长吹

炉膛短吹吹灰器

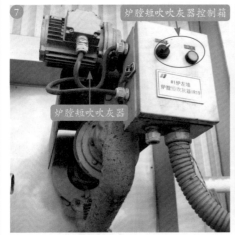

炉膛短吹吹灰器控制箱

炉膛短吹吹灰器

吹灰器疏水门

短吹疏水逆止门

短吹疏水电动门二次门

短吹疏水电动门一次门

长吹、半长吹疏水逆止门

长吹、半长吹疏水电动门二次门

长吹、半长吹疏水电动门一次门

附加说明

（1）吹灰时，不能进行观火。
（2）吹灰器退出后，应确保检查不内漏，防止吹损受热面。
（3）吹灰汽源过热度不够带水，会造成积灰板结、吹损受热面，造成受热面热应力大。

（6）吹灰结束全面检查吹灰器内漏情况，检查炉内泄漏报警装置无报警。

（7）检查锅炉电子间炉内泄漏装置，就地倾听炉内是否有炉管泄漏异音。

（8）吹灰结束全面检查吹灰器无内漏；吹灰器退出到位。

第 9 章

锅炉本体

9.1 锅炉本体概述

锅炉为高效超超临界参数变压直流炉，采用单炉膛、一次中间再热、平衡通风、运转层以上露天布置、固态排渣、全钢构架、全悬吊结构Π型锅炉。

锅炉炉膛由螺旋盘绕内螺纹管圈 + 垂直管屏膜式水冷壁构成，不设任何节流圈。

前后墙对冲燃烧系统的燃烧器布置方式能够使热量输入沿炉膛宽度方向较均匀分布。

炉膛上部沿烟气流程方向分别设置屏式过热器和高温过热器。在水平烟道处布置了垂直高温再热器。尾部竖井分隔成前后两个烟道。前部布置水平低温再热器，后部布置水平低温过热器和省煤器。在分烟道底部设置了烟气调节挡板装置，用来分流烟气量，以控制再热蒸汽出口温度。

锅炉蒸汽温度调节方式为：过热蒸汽采用燃料/给水比和两级喷水减温；再热蒸汽利用锅炉尾部烟道出口烟气挡板来调整汽温，且在低温再热器至高温再热器间连接管道上设有事故喷水以备紧急事故工况、扰动工况或其他非稳定工况时投用。

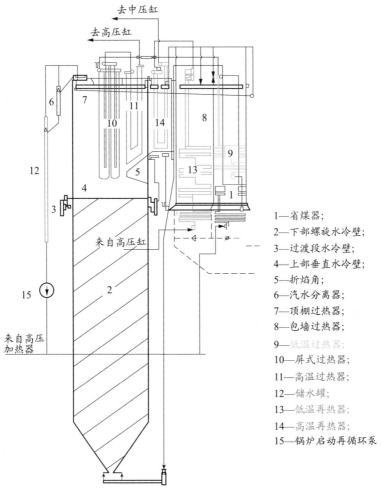

过热器系统流程图

1—省煤器；
2—下部螺旋水冷壁；
3—过渡段水冷壁；
4—上部垂直水冷壁；
5—折焰角；
6—汽水分离器；
7—顶棚过热器；
8—包墙过热器；
9—低温过热器；
10—屏式过热器；
11—高温过热器；
12—储水罐；
13—低温再热器；
14—高温再热器；
15—锅炉启动再循环泵

9.2 正常运行巡回检查项目

（1）给水流量取样管路无泄漏，给水流量变送器排污无泄漏，关闭严密。

（2）给水流量表管冬季伴热投入正常，保温良好，无冻坏隐患。

（3）观火孔区域观火时，应侧身，调整炉膛负压稍高于平坦控制值，观火时不能吹灰。

（4）锅炉本体受热面无泄漏。

（5）检查省煤器、再热器烟气挡板防止脱落。

（6）安全阀本体无泄漏，检查安全阀时应注意防止高温烫伤。

（7）锅炉PCV阀压力控制取样门、管路无泄漏。

（8）过热汽、再热汽取样门、管路无泄漏。

（9）过热汽、再热汽压力表手动门无泄漏，关闭压力表手动门时应缓慢、侧身操作，避免高温烫伤。

（10）炉膛负压、四管泄漏装置监测运行正常。

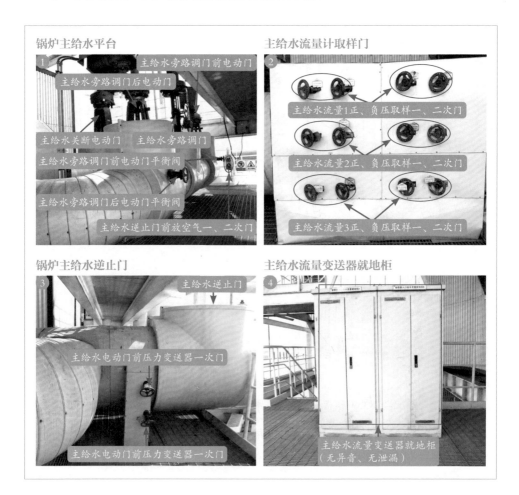

锅炉观火孔

锅炉观火孔

高温过热器出口蒸汽取样门

机组正常运行，取样门投入运行

高温过热器出口蒸汽取样一次门

高温过热器出口蒸汽取样二次门

附加说明

取样门投入时，先开一次门、再开二次门，退出时则先关二次门、再关一次门，整个锅炉侧取样门总共4处（主给水平台1处、储水罐底部1处、高温过热器出口每侧2处）。

高温过热器出口管道

高温过热器出口PCV阀

高温过热器出口安全阀

PVC阀就地控制箱

高温过热器出口压力变送器手动门

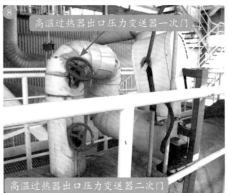

高温过热器出口压力变送器一次门

高温过热器出口压力变送器二次门

附加说明

隔离操作高压阀门时，应缓慢操作，并侧身，不能正对阀门法兰与盘根，避免阀门泄漏高温烫伤，必要时穿高温隔离防护服；PCV阀压力控制取样门冬季应注意防冻。

炉膛负压测点

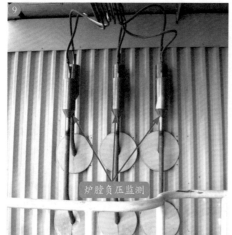

炉膛负压监测

炉膛四管泄漏测点

炉膛四管泄漏监测

充氮手动门

省煤器充氮手动门

水冷壁充氮手动门

充氮放空气门

高温再热器充氮手动门

高温过热器充氮手动门

充氮放空气门

汽水分离器充氮手动门

低温过热器充氮手动门

再热器烟气挡板

再热器烟气挡板

再热器烟气挡板脱落

第 10 章

锅炉设备操作

10.1 制粉系统

机组正常运行中制粉系统主要操作有更换石子煤斗、定期切换磨煤机油站润滑油泵、制粉系统启停、切除液压加载力、定期切换密封风机、一次风机电机油泵启停、一次风机油站和电机油泵滤网定期切换等。

10.1.1 石子煤斗更换

更换石子煤斗正常操作步骤：

磨煤机石子煤斗

石子煤斗插板一次门
石子煤斗插板二次门
放气泄压阀
石子煤斗隔离门

石子煤斗排渣门控制箱

石子煤斗"高料位"指示灯

石子煤斗排渣门就地控制箱

石子煤斗"小车停止"指示灯

E F
C D
A B

更换石子煤斗操作要点：①按下按钮A、B电源指示灯亮；②按下按钮C、D电源指示灯亮；③按下按钮E、F电源指示灯亮。更换后放回则完全相反

石子煤斗排渣门就地控制箱正常运行巡检项目：
（1）电源控制开关投入，电源指示灯亮。
（2）小车上升灯亮。
（3）主、备用阀门开启灯亮

（1）按下石子煤斗排渣门就地控制箱"工作阀门关闭"按钮，"工作阀门关闭"指示灯亮。

（2）按下石子煤斗排渣门就地控制箱"备用阀门关闭"按钮，"备用阀门关闭"指示灯亮。

（3）开启就地磨煤机石子煤斗"放气泄压阀"，放气结束。

（4）按下石子煤斗排渣门就地控制箱"小车下降"按钮，"小车下降"指示灯亮。

10.1.2　制粉系统启动

磨煤机启动后按正常运行巡回检查项目进行检查。

磨煤机启动前检查项目：

（1）检查磨煤机润滑油泵运行正常。将磨煤机润滑油泵由运行泵切至备用泵运行。

（2）检查磨煤机润滑油压力正常。

（3）检查磨煤机润滑油温正常。

（4）检查磨煤机润滑油滤网压差正常，"蓝色"区域。

（5）检查磨煤机润滑油箱油位正常。

（6）检查磨煤机润滑油回油油质良好。

（7）检查磨煤机液压油泵油位，具备启动条件。

（8）启动磨煤机液压油泵运行正常。

（9）检查磨煤机各密封风手动门位置正常，投入正常。

（10）检查磨煤机消防蒸汽手动门确已开启。

（11）检查给煤机密封风手动挡板确已开启。

（12）检查磨煤机各出口插板门位置正确。

（13）检查磨煤机上下插板门位置正确。

10.1.3　制粉系统停运

磨煤机停运检查操作项目：

（1）开启磨煤机消防蒸汽电动门，投入磨煤机消防蒸汽。

（2）检查磨煤机液压变加载力自动跟踪给煤量良好。

（3）停止给煤机后，检查给煤机下插板联锁关闭。

（4）检查磨煤机料位降至较低时，抬起磨煤机磨辊。

（5）磨煤机热一次风调节挡板全关后，检查磨煤机停止运行。

（6）将磨煤机每根粉管吹扫600s，并保证粉管风速不低于22m/s。

（7）磨煤机吹扫完成后，落下磨煤机磨辊，检查磨辊正常。

（8）关闭磨煤机消防蒸汽电动门，停止磨煤机冲惰。

（9）检查磨煤机石子煤斗料位正常。

（10）检查燃烧器层冷却风门自动开启正常。

10.1.4　磨煤机加载力

液压加载系统由液压动力站、液压缸及储能器和管道系统组成。液压站配置一套加载油泵驱动电机和一台双联液压泵分别向三个加载油缸的有杆腔和无缸枪供油，通过两个比例溢流阀调节进入油缸上腔和下腔的压力值，从而调节油缸的作用力和反作用力。

10.1.4.1　供应力

碾磨工作所需的力（碾磨压力=重力+供应力）是由液压系统提供的。这个系统包括三个并行工作，整体型活塞与活塞杆的液压缸、液压蓄能器、液压单元。供应力是液压缸的活塞杆一边（环形面积）的油压函数。被加压的油是由持续运行的油泵提供的，给定的油压与供给力一致，供给力可由控制室通过比例阀溢流阀的电器操作及控制。

10.1.4.2　碾磨压力

为使运行性能或磨煤机内部的煤循环最优化，应能自动地改变给定。通过改变供给装置的旋转速率且或改变煤的流动来实现。有三种运行方式：①切除液压加载力；②定加载；③变加载。正常运行为"变加载运行"。

切除液压机载力：通过磨煤机液压油站液压油旁路切换手柄，将液压加载力切除，只能依靠磨辊重力碾压。

定加载：如果负荷紧，无备用磨煤机，或锅炉底层稳燃磨煤机变加载故障，可临时采用定加载。手动调整给煤量在一稳定值，切除加载力自动，通过手动流量调节阀调整加载力与给煤量相适应，停比例溢流阀电源能使该阀全开近乎直通，因此定加载时最好停24V电源。

切除液压加载力操作步骤：

（1）正常运行中为"变加载"运行，如果负荷紧，无备用磨煤机，或锅炉底层稳燃磨煤机变加载故障，可临时采用定加载，若定加载变故障，则需切除加载力。

（2）开启磨煤机液压油站液压油旁路切换手柄。

（3）检查液压加载力压力表确已切除。

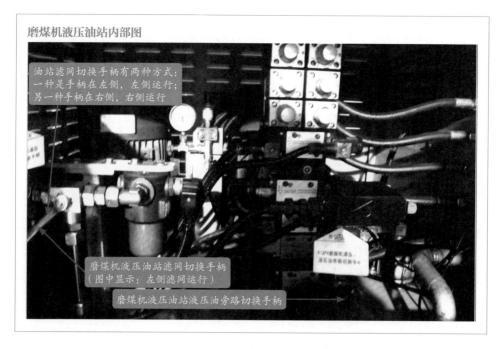

10.1.5　磨煤机油站润滑油泵定期切换

磨煤机润滑油泵切换步骤：

（1）检查磨煤机润滑油站备用油泵备用良好，具备启动条件。

（2）检查磨煤机润滑油系统油位正常。

（3）检查磨煤机润滑回油油质良好。

（4）检查磨煤机润滑滤网差压指示正常。

（5）检查磨煤机润滑油泵出口压力正常。

（6）检查磨煤机润滑油油温正常。

（7）检查磨煤机润滑油冷却器出口压力正常。

（8）启动磨煤机润滑油站备用油泵运行。

（9）检查磨煤机润滑油泵出口压力正常。

（10）检查磨煤机润滑油冷却器出口压力正常。

（11）停止磨煤机润滑油站原运行油泵，检查不倒转。

（12）检查磨煤机润滑油泵出口压力正常。

（13）检查磨煤机润滑油冷却器出口压力正常。

（14）检查磨煤机润滑油泵运行正常。

10.1.6 密封风机定期启停

密封风机定期启停操作步骤：

（1）检查备用密封风机备用良好，各轴承、现场无妨碍启动杂物，具备启动条件。

（2）检查密封风机、电机无异常、风道无漏风。

（3）检查密封风机挡板开度无脱落，动叶调整开度与集中控制室一致。

（4）启动备用密封风机后，检查备用风机运行正常，无异音、振动正常。

（5）检查备用密封风机各轴承温度正常。

（6）检查密封风机各风道无漏风、挡板显示正常。

（7）停运备用密封风机，检查备用密封风机确已停运，出口挡板位置正确，检查备用密封风机确已停运，且不倒转。

（8）投入备用密封风机备用，检查出口挡板位置正确。

10.1.7　一次风机电机油泵启停试验

一次风机油泵与电机油泵启停实验步骤类似，本章不再进行说明。

油泵启停试验在启动之前必须先将就地控制开关切至试验位置，检查运行正常各参数无异常，则可将控制开关切至正确的"一运行一备用"。

一次风机电机油站油泵启停试验：

（1）检查一次风机电机油站备用油泵备用良好，具备启动条件。

（2）检查一次风机电机油站油箱油位、油温正常。

（3）检查一次风机回油油质良好，回油温度正常。

（4）检查一次风机电机油站润滑油泵出口压力、母管压力正常。

（5）投入一次风机电机油站"油泵试验模式"；检查一次风机电机油站"试验中，油泵自动备用"状态变红。

（6）启动一次风机电机油站备用油泵，检查无异音，运行正常。

（7）检查一次风机电机油站润滑油泵出口压力、母管压力正常。

（8）检查一次风机电机油站润滑油母管压力稳定，无异常波动。

（9）停止一次风机电机油站备用油泵。检查具备备用条件，泵不倒转。

（10）投入一次风机电机油站备用油泵联锁。

（11）检查一次风机电机油站润滑油泵出口压力、母管压力正常。

（12）检查一次风机电机油站油系统运行正常。

（13）切除一次风机电机油站"油泵试验模式"。

（14）检查一次风机电机油站就地控制柜两路电源供电正常。

（15）检查一次风机电机油站就地控制柜控制方式开关在"远方"。

（16）检查一次风机电机油站就地控制柜油泵方式开关在"开"位。

（17）检查一次风机电机油站就地控制柜各指示灯指示正确。

10.1.8　一次风机油站与电机油泵滤网定期切换

一次风机油站、电机油站滤网切换操作步骤类似，再次一并进行说明。

一次风机油站、电机油站滤网切换操作步骤：

当一次风机油站过滤器差压高≥0.50MPa时，或一次风机电机过滤器差压高≥0.10MPa时，汇报值班员，进行相应的滤网切换：

（1）就地检查油站油箱油位、油质正常，油压稳定。

（2）确认油站备用滤网完好，无漏油现象。

（3）联系主值班员准备切换滤网。

（4）缓慢扳动切换扳手，将滤网切换阀由运行测切至备用测；切换过程中，时刻注意观察油压，若切换过程中，油压迅速降低应立即将滤网切至原工作侧。

（5）切换至备用侧后，检查滤网差压正常，记录数值。

（6）滤网切换完毕，汇报主值班员。

10.1.9 一次风机电机油站油泵定期切换

一次风机油泵与电机油泵定期切换操作步骤类似，本章不再进行说明。

一次风机电机油站油泵定期切换操作步骤：

（1）检查一次风机电机油站备用油泵备用良好，具备启动条件。

（2）检查一次风机电机油站油系统运行正常。

（3）检查一次风机电机油站油箱油位、油温正常。

（4）检查一次风机电机回油油质良好，回油量正常。

（5）检查一次风机电机油站润滑油泵出口压力、母管压力正常。

（6）投入一次风机电机油站"油泵试验模式"。

（7）检查一次风机电机油站"试验中，油泵自动备用"状态变红。

（8）启动一次风机电机油站备用油泵运行。

（9）检查一次风机电机油站润滑油泵出口压力、母管压力正常。

（10）检查一次风机电机油站润滑油母管压力稳定，无波动。

（11）停运一次风机电机油站运行油泵。检查具备备用条件，泵不倒转，投入备用。

（12）检查一次风机电机油站润滑油泵出口压力、母管压力正常。

（13）检查一次风机电机油站油系统运行正常。

（14）切除一次风机电机油站"油泵试验模式"。

（15）检查一次风机电机油站就地控制柜两路电源供电正常。

（16）检查一次风机电机油站就地控制柜控制方式开关在"远方"。

（17）检查一次风机电机油站就地控制柜油泵方式开关在"开"位。

（18）检查一次风机电机油站就地控制柜各指示灯指示正常。

油泵定期切换在切换之前必须先将就地控制开关切至试验位置，检查运行正常各参数无异常，则可将控制开关切至正确的"一运行一备用"。

10.2 风烟系统

机组正常运行中风烟系统主要操作有吸风机轴承冷却风机定期切换、吸风机风机（电机）油站油泵定期切换、吸风机风机（电机）油站滤网切换、暖风器投运、暖风器停运、送风机电机油站定期切换、空气预热器间隙调整等。

10.2.1 吸风机轴承冷却风机定期切换

吸风机前、中、后轴承温度≤60℃，允许停止冷却风机；吸风机前、中、后轴承温度≥60℃，联锁启动冷却风机。

吸风机轴承冷却风机定期切换操作步骤：

（1）检查吸风机备用轴承冷却风机备用良好，具备启动条件。

（2）检查吸风机各轴承温度正常，轴承最高温度。

（3）解除吸风机备用轴承冷却风机备用。启动吸风机备用轴承冷却风机。

（4）检查吸风机备用轴承冷却风机振动、声音正常，电机电流正常。

（5）检查吸风机各轴承温度正常，轴承最高温度。

（6）停运吸风机原运行轴承冷却风机，检查确已停运，且不倒转。

（7）投入吸风机原运行轴承冷却风机备用。

（8）检查吸风机各轴承温度正常，轴承最高温度。

10.2.2 吸风机风机油站油泵定期切换

吸风机油泵与电机油泵定期切换操作步骤（只是无控制油压)类似，本节不再进行说明。

吸风机风机油站油泵定期切换操作步骤：

（1）检查吸风机风机油站备用油泵备用良好，具备启动条件。

（2）检查吸风机风机油站油系统运行正常。

（3）检查吸风机风机油站油箱油位、油温正常。

（4）检查吸风机风机回油油质良好。

（5）检查吸风机风机油站油泵出口油压、控制油压、润滑油母管压力正常。

（6）投入吸风机风机油站"油泵试验模式"。

（7）检查吸风机风机油站"试验中，油泵自动备用"状态变红。

（8）启动吸风机风机油站备用油泵，检查备用油泵运行正常，控制箱指示灯指示正常。

（9）检查吸风机风机油站油泵出口油压、控制油压、润滑油母管压力正常。

（10）检查吸风机风机油站润滑油母管压力稳定，无波动。

（11）停运吸风机风机油站原运行油泵。

（12）检查吸风机风机油站油泵出口油压、控制油压、润滑油母管压力正常。

（13）检查吸风机风机油站原运行油泵具备备用条件，且不倒转，将其投入备用。

（14）检查吸风机风机油站润滑油系统运行正常。

（15）切除吸风机风机油站"油泵试验模式"。

（16）检查吸风机风机油站就地控制柜两路电源供电正常。

（17）检查吸风机风机油站就地控制柜控制方式在"远方"。

（18）检查吸风机风机油站就地控制柜各指示灯指示正确。

油泵定期切换在切换之前必须先将就地控制开关切至试验位置，检查运行正常各参数无异常，则可将控制开关切至正确的"一运行一备用"。

10.2.3　暖风器投运

锅炉正常运行中，当空气预热器冷端综合温度值＜136℃时开始投入暖风器运行。

暖风器投运操作步骤：

（1）检查预投入侧送风机运行正常。

（2）确认预投入暖风器系统安装和检修工作已经完毕且已验收合格，工作票已收回。

（3）预投入侧暖风器四周的杂物清理干净，安全措施已拆除，无影响运行和检查的杂物，走梯、平台完整，照明充足。

（4）检查预投入侧暖风器系统连接正确，各阀门已传动完毕且位置正确，热工测量表计齐全，指示正确。

（5）检查该炉侧辅助蒸汽联箱压力0.8～1.0MPa，温度320～350℃。

（6）检查预投入侧暖风器进汽调节门在手动且关闭状态，旁路门在关闭状态，暖风器系统所有放水手动门在关闭状态。

（7）检查该侧暖风器疏水至除氧器电动门、旁路门在关闭状态，疏水至锅炉启动疏水扩容器手动门在开启状态。开启该侧暖风器所有疏水至地沟手动门。

（8）开启炉侧辅助蒸汽至该侧暖风器供汽电动门、暖风器调节门前疏水手动门进行暖管。

（9）开启该侧暖风器进汽调节门前后手动门，微开暖风器进汽调节门，疏水暖管。

（10）检查该侧暖风器自动疏水器工作正常。

（11）逐渐开大该侧暖风器进汽调节门，注意不要发生水冲击，直至冷端综合温度值＞136℃。

（12）全面检查该炉暖风器系统各处无泄漏现象。

（13）关闭该炉该侧暖风器所有疏水至地沟手动门。

（14）定期化验该炉该侧暖风器疏水水质，根据水质情况决定疏水回收至除氧器或锅炉启动疏水扩容器。

（15）根据该侧送风机出口风温调整暖风器进汽调节门开度，调稳定后将该侧暖风器进汽调节门投入自动。

送风机暖风器

送风机暖风器疏水门

附加说明

投运过程中若对应的送风机跳闸，立即停止切除暖风器运行；加强供汽管道放气疏水，防止投运过程中供汽管道振动大；充分暖管疏水放气后，投运过程尽量提高供汽压力，防止水冲击；加强疏水器检查，防止疏水器工作不正常造成疏水不畅，影响暖风器换热效果。

送风机暖风器疏水泵

暖风机疏水泵出口母管

疏水泵出口至有压放水母管手动门若水质达不到除氧器水质要求且暖风器疏水箱无压力则只有通过疏水泵将其打至启动疏水扩容器

送风机暖风器入口电动门

暖风器入口电动门

10.2.4　暖风器停运

送风机停运后或当暖风器进汽调门节流至最小开度而空气预热器冷端综合温度值＞136℃时停止暖风器运行。

环境温度＜0℃时，停运暖风器要对系统存水放净。暖风器停运后，联系维护人员将旋转暖风器调至90°，降低送风机入口阻力。暖风器停运后，做好防腐措施。

暖风器停运操作步骤：

（1）关闭停运侧暖风器进汽调节门并挂牌，旁路手动门在关闭状态，暖风器系统所有放水手动门在关闭状态。

（2）关闭该侧暖风器疏水至锅炉启动疏水扩容器手动门或除氧器电动门。

（3）全开该侧暖风器疏水电动门、旁路手动门。

（4）全开该侧暖风器系统所有放水手动门。

（5）联系维护人员将该侧暖风器旋转角度调至90°（空气预热器冷端综合温度值>136℃时）。

10.2.5　送风机电机油站油泵定期切换

送风机油泵与电机油泵定期切换操作步骤类似，本节不再进行说明。

送风机电机油站油泵定期切换操作步骤：

（1）检查送风机电机油站备用油泵备用良好，具备启动条件。

（2）检查送风机电机油站油系统运行正常。

（3）检查送风机电机油站油箱油位、油温正常。

（4）检查送风机电机回油油质良好，回油量正常。

（5）检查送风机电机油站润滑油泵出口压力、母管压力正常。

（6）投入送风机电机油站"油泵试验模式"。

（7）检查送风机电机油站"试验中，油泵自动备用"状态变红。

（8）启动送风机电机油站备用油泵运行正常。

（9）检查送风机电机油站润滑油泵出口压力、母管压力正常。

（10）检查送风机电机油站润滑油母管压力稳定，无波动。

（11）停运送风机电机油站原运行油泵。

（12）检查送风机电机油站原运行油泵具备备用条件，且不倒转，将其投入备用。

（13）检查送风机电机油站润滑油泵出口压力、母管压力正常。

（14）检查送风机电机油站油系统运行正常，切除送风机电机油站"油泵试验模式"。

（15）检查送风机电机油站就地控制柜两路电源供电正常。

（16）检查送风机电机油站就地控制柜控制方式开关在"远方"。

（17）检查送风机电机油站就地控制柜油泵方式开关在"开"位。

（18）检查送风机电机油站就地控制柜各指示灯指示正常。

10.2.6 空气预热器间隙调整

正常运行中，及时调整间隙，下压空气预热器扇形板，减少空气预热器漏风率。

#1炉A空气预热器绝对位移−20mm，#1炉B空气预热器绝对位移−5mm，#2炉A、B空气预热器绝对位移−30mm左右。正常运行中，下压调整空气预热器扇

形板，要及时联系集中控制室值班员，注意监测空气预热器电流，防止空气预热器超流。

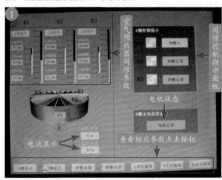
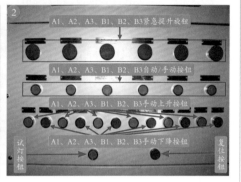

10.3 干除渣系统

机组正常运行中干除渣系统主要操作有渣仓满位放渣（运行只负责监视）、调整控制一级钢带头温度（<150℃）、BCP暖泵、361阀暖管、炉底水封低位补水、BCP注水等。

10.3.1 调整控制一级钢带头温度

机组正常运行中，严密观察干除渣渣井落渣量、渣仓积渣颜色及一级钢带头温度，严格按照规定措施执行。

调整控制一级钢带头温度操作步骤：

（1）正常运行中严密观察干除渣系统渣井落渣量。

（2）在干除渣渣井积渣观察处观察积渣是否发暗变黑。

减少钢带漏风，钢带风门的操作步骤：

（1）温度控制标准为控制一级钢带头温度＜150℃。

（2）温度＜100℃时，应关闭钢带的所有专用通风孔门，关闭钢带冷却风电动门。

（3）温度＞100℃时，逐步开启钢带冷却风门，当温度接近150℃，且钢带冷却风门开度＞80%时，可开启部分过渡段的专用通风口门。

（4）时刻监视一级钢带头温度，当温度下降时及时关闭钢带通风口门。

干除渣系统正面图

钢带通风孔门

钢带冷却风电动门

钢带观察门

干除渣渣仓落渣观察窗

渣仓落渣观察窗观察渣量

干除渣渣井

干除渣渣井积渣观察处积渣发暗变黑

10.3.2 炉底水封低位补水

机组正常运行中，炉顶水封观察处水位低，或炉底水封溢流管不溢流，及时开启炉底水封补水手动门进行补水，防止空气进入炉膛，影响炉膛燃烧。

炉底水封	炉底水封溢流、补水

炉底水封观察处

361阀进口疏水电动一、二次门

炉底水封补水手动门
炉底水封水位低时，及时补水

炉底水封溢水管
正常运行：微溢流

10.3.3 361阀暖管

361阀暖管操作步骤：

（1）机组正常运行中，361阀、BCP泵皆处于备用状态（倒暖）。倒暖状

省煤器出口管道

省煤器出口至BCP、361阀暖管总电动门：
（1）正常运行BCP、361阀备用，阀门状态为开；
（2）BCP启动运行、361阀开启后或机组检修停运，该阀门关闭

省煤器出口至361阀暖管手动门：
（1）正常运行361阀备用，阀门状态为开；
（2）361阀开启后或机组检修停运，该阀门关闭

省煤器出口至BCP出口暖泵手动门：
（1）正常运行BCP备用，阀门状态为开；
（2）BCP启动运行或机组检修停运，该阀门关闭

附加说明

（1）正常运行期间，361阀、BCP锅炉启动循环泵处于备用状态，省煤器出口至BCP、361阀暖管总电动门、省煤器出口至361阀暖管手动门、省煤器出口至BCP出口暖泵手动门、BCP泵入口电动门、BCP最小流量阀状态皆为开。

（2）正常运行期间，BCP泵出口电动门阀门状态为关，BCP过冷水管道电动门皆为关。

附加说明

　　BCP、361阀暖管管路必须在锅炉干态运行、361阀前电动门完全关闭后才允许启用，锅炉正常运行中应确保此暖管管路正常投入使用。BCP停止后应确保其过冷水管路关闭，防止给水通过此管路短路至储水罐。

态下，省煤器出口至BCP、361阀总电动门（开）、省煤器出口至361阀手动总门（开）、省煤器出口至361A、361B、361C阀倒暖手动门（3个全开）、361A、361B、361C阀暖阀出口手动门（3个全开）、储水罐至361阀前电动门（关）。

　　（2）启停机时，在开启361阀前，各阀门状态与第1项相反，即361阀总电动门（关）、省煤器出口至361阀手动总门（关）、省煤器出口至361A、361B、361C阀倒暖手动门（3个全关）、361A、361B、361C阀暖阀出口手动门（3个全关）、储水罐至361阀前电动门（开）。

10.3.4　冷凝疏水箱取样

　　冷凝疏水箱取样操作步骤：

　　（1）机组启动初期，定期对冷凝疏水箱水质进行取样化验水质。化验结果确定水外排还是回收。机组正常运行期间，也需要定期化验冷凝疏水箱水质。

　　（2）冷凝疏水箱水质取样方法：冷凝疏水箱取样门接于冷凝疏水箱启动疏水泵出口母管处，取样时，需暂开启启动疏水泵进行取样。

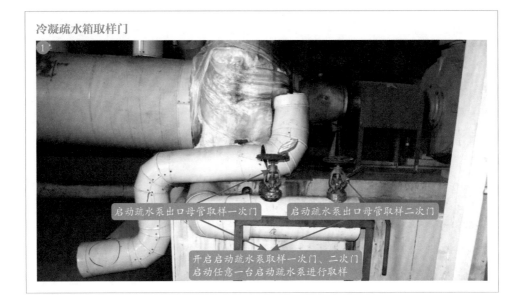

冷凝疏水箱取样门

启动疏水泵出口母管取样一次门　启动疏水泵出口母管取样二次门

开启启动疏水泵取样一次门、二次门
启动任意一台启动疏水泵进行取样

10.3.5　BCP注水

BCP注水操作步骤：

（1）关闭BCP出口管道疏水一/二次门，依次开启BCP注水一/二次手动门（已断开）、BCP注水滤网前、后手动门，然后根据BCP内部压力，开启给水泵或凝结

BCP泵电机注水管道1

给水泵至BCP泵电机注水手动门

凝结水至BCP泵电机注水手动门

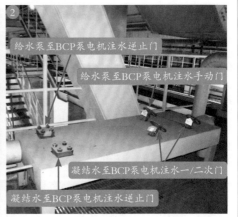

BCP泵电机注水管道2

给水泵至BCP泵电机注水逆止门

给水泵至BCP泵电机注水手动门

凝结水至BCP泵电机注水一/二次门

凝结水至BCP泵电机注水逆止门

附加说明

　　BCP注水在机组调试期间由电建公司注水，正常运行中BCP注水一/二次门断开，不再进行BCP泵电机注水。

BCP泵顶部

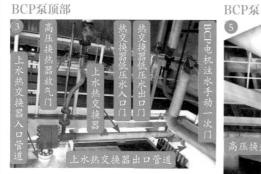

③ 高压换热器放气门
上水热交换器入口管道
热交换器低压水入口门
热交换器低压水出口门
上水热交换器
BCP电机注水手动一次门
上水热交换器出口管道

BCP泵底部

④ BCP电机注水逆止门
BCP电机注水一/二次门（已断开）
热交换器低压水入口门
上水热交换器至无压放水管道
上水热交换器

BCP泵

⑤ 高压换热器出口门
冷却水出口放气管道
高压换热器入口门
高压换热器
BCP电机注水断开处
高压换热器放气门
热交换器低压水出口门
热交换器低压水入口门

BCP泵输水管道

⑥ BCP出口管道疏水一/二次门
正常运行：关闭

BCP泵冷却水

⑦ 冷却水供水压力表
正常表计：0.7MPa
BCP低压冷却水供水总门
冷却水回水手动门
冷却水供水逆止门

BCP泵顶部侧面

⑧ 隔热套低压冷却水出口门
隔热套低压冷却水入口门
BCP电机注水冷却水放气门

175

水泵出口至BCP泵电机注水手动门，就此形成通路进行注水。

（2）BCP注水注满标志：电机顶部放气门见水。

（3）BCP在机组调试期间注水，正常运行中BCP注水一/二次手动门之间已断开。

（4）电机停运过程中，若出现BCP隔热套冷却水流量低，BCP泵启动不起来，可以通过将该路冷却水至上水热交换器这一路冷却水节流，以达到增加BCP隔热套冷却水流量目的。

10.3.6　BCP暖泵

BCP暖泵运行操作步骤：

（1）正常运行中，即：锅炉干态运行BCP、361阀皆处于备用（倒暖）状态。倒暖状态下，省煤器出口至BCP、361阀总电动门（开）、省煤器出口至BCP暖管手动门（开）、省煤器出口至BCP暖管手动二次门（开）、BCP泵最小流量阀（开）、BCP泵过冷水管道电动一/二次门（关闭）。

（2）BCP泵启动前，省煤器出口至BCP、361阀总电动门（关闭）、省煤器出口至BCP暖管手动门（关闭）、省煤器出口至BCP暖管手动二次门（关闭）、BCP泵过冷水管道电动一/二次门（开），检查BCP泵最小流量阀（开）、检查BCP泵

省煤器出口管道

① 省煤器出口至BCP、361阀暖管总电动门

省煤器出口至BCP出口暖泵手动门

省煤器出口至361阀暖管手动门

附加说明

（1）正常运行期间，361阀、BCP锅炉启动循环泵处于备用状态，省煤器出口至BCP、361阀暖管总电动门、省煤器出口至361阀暖管手动门、省煤器出口至BCP出口暖泵手动门、BCP泵入口电动门、BCP最小流量阀状态皆为开。

（2）正常运行期间，BCP泵出口电动门阀门状态为关，BCP过冷水管道电动门皆为关。

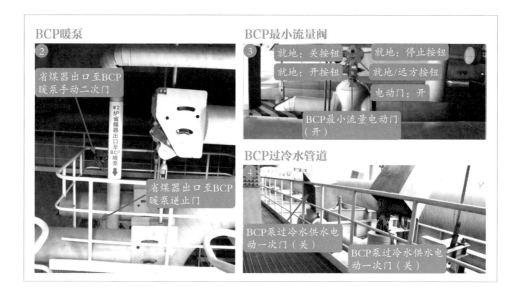

入口电动门（开），确认BCP泵有允许启动条件。

10.3.7 密封风机加装永磁调速器

永磁调速器由两部分组成：一部分是安装在负载侧的磁转子；另一部分是安装在动力侧的铜转子，铜转子与磁转子没有任何机械接触。工作原理：铜转子和磁转子可以自由独立旋转，当动力侧的铜转子旋转时，铜转子和磁转子产生相对运动，铜转子在磁场中切割磁力线从而产生涡电流，涡电流产生感应磁场与永磁体相互作用，产生扭矩，从而带动负载旋转工作。磁转子和铜转子之间没有任何机械连接，存在气隙，永磁调速就是通过调节磁转子与铜转子之间

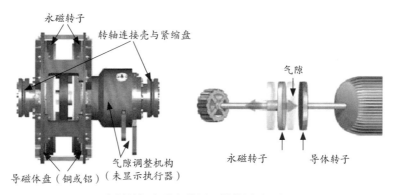

密封风机永磁安装原理结构图（一）

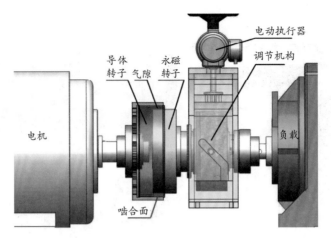

密封风机永磁安装原理结构图（二）

气隙的大小，就可以控制传递扭矩的大小，而获得可调节、可控制、可重复的负载转速，实现负载转速的调节，达到减速节能效果。

#1炉A密封风机进行永磁调速运行规定：

（1）正常运行巡回检查项目：

1）#1炉A密封风机运行时应保证永磁调速器温度控制值不超限：保证轴承温度＜85℃，导体盘温度＜200℃。

2）运行温度接近上限值时，及时联系维护人员检查处理；发现永磁调速器入口滤网堵塞时，及时联系维护人员清理。

（2）启动前检查项目：

1）检查#1炉A密封风机风路畅通，一台一次风机运行，入口风压满足启动条件，机械部分符合启动条件。

2）永磁调速控制方式手柄在"AOTU"位。

3）永磁调速就地控制箱送电正常，电源指示灯亮，指示温度正常。

4）永磁调速器入口滤网无堵塞现象。

5）全开A密封风机入口调节挡板，将永磁调速器指令降至零（0%）。

（3）#1炉密封风机正常运行方式为保持#1炉A密封风机投入运行，#1炉B密封风机备用，#1炉B密封风机每月试启一次。

密封风机永磁调节控制箱

转速表

就地控制器

紧急停机：旋钮

导体盘1#/2#温度

电源显示

轴承1#/2#温度

查询、调节设置定值

密封风机入口调节挡板

密封风机入口调节挡板

密封风机入口电动门显示灯
与现场实际、DCS显示一致

密封风机永磁调节控制手轮

入口滤网无堵塞现象

控制方式手轮：自动/手动
手动方式下利用手轮调节出力

10.4 锅炉燃烧系统

10.4.1 火检冷却风机切换

火检冷却风机切换操作步骤：

（1）检查备用火检冷却风机备用良好，具备启动条件。

（2）检查火检冷却风机就地控制柜控制方式在"远方"。

（3）检查火检冷却风机就地控制柜各指示灯指示正确。

（4）检查运行火检冷却风机出口压力正常。

（5）检查运行火检冷却风机运行正常。

（6）检查火检冷却风机母管风压正常。

（7）启动备用火检冷却风机，检查运行正常。

（8）检查原运行火检冷却风机电机电流正常。

（9）检查原备用火检冷却风机电机电流正常。

（10）检查原运行火检冷却风机出口压力升高。

（11）检查原备用火检冷却风机出口压力升高。

（12）检查火检冷却风机母管风压升高。

（13）停运原运行火检冷却风机，检查确已停运，且不倒转。

（14）检查原备用火检冷却风机出口压力升高。

（15）检查火检冷却风机母管风压正常。

（16）检查原运行火检冷却风机备用投入良好。

（17）检查火检冷却风机就地控制柜控制方式在"远方"。

（18）检查火检冷却风机就地控制柜各指示灯指示正确。

火检冷却风机出口母管压力≤5kPa，低报警，联锁启动备用风机；火检冷却风压力≥6kPa，火检风压正常（小于该值低报警）。

10.4.2 燃油系统

10.4.2.1 燃油泄漏试验

燃油泄漏试验操作步骤：

（1）燃油泄漏试验是针对进油速关阀、回油阀及油角阀的密闭性所做的试验。

（2）泄漏试验分两步进行：首先试验油母管回油阀及油角阀；然后试验泄漏试验阀。而后操作员直接在操作员站发出启动泄漏试验指令。

（3）泄漏试验启动条件满足，油泄漏试验开始，按下试验开始按钮，打开泄漏试验阀进行充油。待燃油进油泄漏试验阀全开到位，开始计时。

（4）若在30s内无燃油母管供油压力高（≥3MPa）信号时，则充油失败；若在30s内燃油母管供油压力高（≥3MPa）信号发出，关闭泄漏试验阀；泄漏试验阀关闭后180s内，若$P_{之前}-P_{之后}≥0.3MPa$，则回油阀、油角阀试验失败。否则回油阀、油角阀试验成功。

（5）当回油阀、油角阀试验成功、打开回油快关阀，卸油至燃油母管供油压力低（≤2.5MPa）关回油快关阀。

（6）若回油快关阀关闭后180s内，燃油母管供油压力前后差压（$P_{之后}-P_{之前}$）≥0.3MPa信号持续，则燃油进油快关阀及泄漏试验阀试验失败。否则，燃油泄漏试验（泄漏试验阀）成功，试验成功。

10.4.2.2 燃油系统正常运行操作

机组正常运行中，燃油系统处于备用状态，随时根据需要可以及时投油燃烧。

燃油系统正常运行操作项目：

（1）正常运行中，油枪试投，机组跳闸、燃油试验、定期试投油枪以及机组RB等前、后需要抄录燃油进回油流量，以便计算用油量。机组异常跳闸后，应立即切断燃料供应，关闭燃油平台供、回油手动总门。

（2）正常运行各层燃烧器手动门开启，电磁阀关闭；机组RB时，电磁阀自动打开助燃；机组打闸停机或跳机后油枪手动门皆手动关闭，以防锅炉爆燃；试油枪或燃烧不稳时，打开电磁阀，投入油枪，检查油枪着火情况。

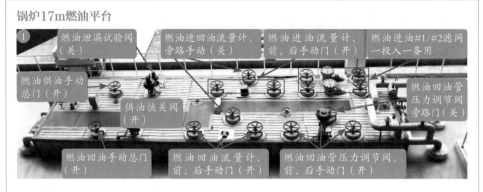

锅炉17m燃油平台

附加说明

（1）上述所表计为正常运行阀门状态。

（2）正常运行中，油枪试投，机组跳闸或燃油试验等前、后需要抄录燃油进回油流量，以便计算用油量。机组异常跳闸后，应立即切断燃料供应，关闭燃油进回油手动门。

（3）正常运行中，燃油进油#1/#2滤网一投入一备用，备用侧前、后手动门关闭。

油枪进油管道

附加说明

正常运行手动门开启，电磁阀关闭；机组RB时，电磁阀自动打开助燃；机组打闸停机或跳机后油枪手动门皆手动关闭，以防锅炉爆燃；试油枪或燃烧不稳时，打开电磁阀，投入油枪，检查油枪着火情况。

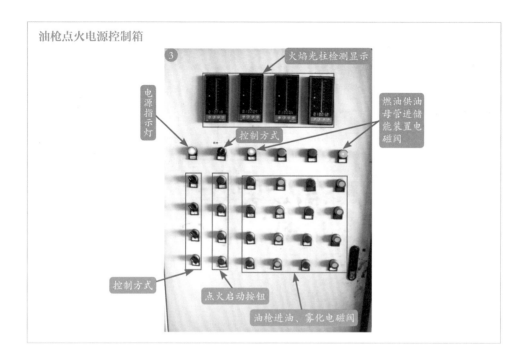

10.4.3 阀门显示

　　雨淋阀是可以在瞬间开启，让水涌入阀腔进入配水管网的自动阀门。雨淋系统特点：要求快速喷水灭火，一般用来充当防火分隔。因此，其喷头是开式的，在系统动作时，设计喷水区内的所有开式喷头同时喷水。雨淋系统使用雨

淋阀控制，平时管道内是无水的。

ZSFM隔膜雨淋阀原理及工作过程：

（1）ZSFM隔膜雨淋阀由信号蝶阀、单向阀、手动快开阀、电磁阀、压力表、警铃管试验警铃球阀、过滤器、压力开关、水力警铃、放水阀等组成。

（2）关闭雨淋阀出口手动门，打开雨淋阀入口手动门，开启雨淋阀隔膜注水阀，观察雨淋阀入口压力表与雨淋阀隔膜阀压力表指示相同时，隔膜阀压力建立成功，缓慢打开雨淋阀出口手动门，检查雨淋阀入口压力表与雨淋阀出口隔膜阀压力表指示不下降，无水留通过，雨淋阀建立压力成功。全开雨淋阀出口手动门，雨淋阀工作正常，处于备用。

（3）当发生火灾时，火灾报警控制器得到火灾探测器发出的火警信号后，直接开启隔膜雨淋阀上的电磁阀，使压力腔水快速排出。由于压力腔泄压，工作腔内的水迅速推起阀瓣，开启雨淋阀，水即进入系统侧管网，系统洒水灭火。同时，一部分水流向报警管网，使水力警铃报警，压力开关动作，给值班室发出信号指示，并启动消防泵供水。如值班人员发现火情，也可手动快速开启手动快开阀，使压力腔泄压，开启隔膜雨淋阀，洒水灭火。灭火后，关闭电

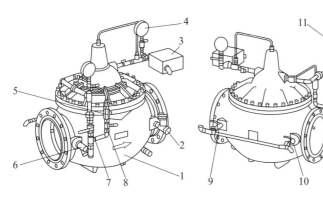

1—隔膜式雨淋阀
2—排水阀(常闭)
3—手动开启球阀(常闭)
4—隔膜腔压力表
5—防复位器
6—过滤器
7—主阀复位球阀(常闭)
8—防复位球阀(常开)
9—报警管路球阀(常开)
10—报警试验球阀(常闭)
11—供水侧压力表

雨淋阀结构图

雨淋阀正面图

磁阀或手动快开阀，并经人工复位，使雨淋系统回到伺应状态。

10.4.4 风帽吹灰

根据专业要求，每周二15:00-22:00班执行一次风帽吹灰。

锅炉风帽吹灰正常运行规定：

（1）吹灰投入前，联系维保人员到位。

（2）风帽吹灰压力由吹灰母管调阀设定，设定值为0.5~0.8MPa。

（3）检查炉膛及水平烟道常规吹灰器在退到位，检查风帽吹灰电动门关闭，检查风帽吹灰疏水四个支路的疏水器手动门在打开位，风帽吹灰各支路进汽手动门在关闭位。

（4）开启低温再热器至吹灰系统吹灰进汽手动门、电动门，稍开进汽调门，全开风帽吹灰进汽手动门、电动门、手动调门，打开风帽吹灰进汽母管疏水电动门。

（5）当风帽吹灰进汽温度达到一定过热度时（#1炉疏水至"风帽吹灰疏水温度高"报警发出，#2炉疏水至风帽吹灰疏水温度至251℃以上），关闭风帽吹灰进汽母管疏水电动门，依次开启四支路进汽手动门，每一支路单独开启进行吹灰，吹灰时间3min，吹灰完成关闭该支路进汽手动门。

（6）若风帽吹灰过程中疏水温度达不到要求值或"疏水温度高报警"消失，应再次疏水达到温度要求后投入风帽吹灰。务必按此顺序执行：疏水温度达到要求值→关闭风帽吹灰进汽母管疏水电动门→依次投入各支路吹灰。

10.4.5 声波吹灰器

2015年10月，加装了声波吹灰器，有效避开锅炉的任何部件和附件的固有频率从而避免产生共谐振现象，且可有效清除锅炉内部尾部烟道的积灰，保证锅炉正常工作。SCR烟气脱硝系统声波吹灰器32个，A/B空气预热器各2个声波吹灰器。低温再热器区域8台，高温再热器区域2台，共计加装10台声波除灰器。屏式过热器区域前墙和侧墙加装4台声波吹灰器。

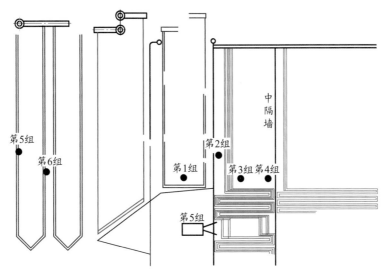

声波吹灰器布置

吹灰器发声原理：采用新型的电动调制气流扬声器，完全模拟人类咽喉发声系统的发生器。特点：气声转化效率高>90%；功率大：声功率高达30000声瓦；可调频：实现调频调幅，发声频率在20Hz～8kHz之间自由调节。

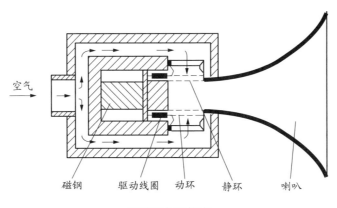

声波吹灰器构成

声波吹灰器正常运行巡回检查项目：

（1）检查触摸屏面板上程序是否自动运行。

（2）检查各阀门是否有关闭或打开不到位现象。

（3）设备运行时支气路压力是否在0.2MPa左右。

（4）检查管道连接各部件是否有损坏，螺栓连接是否有松动。

（5）观察功放电流是否有超大或断流现象。

（6）听发生器的发声是否正常。

声波吹灰器系统操作步骤：

（1）系统正常运行时为自动运行，通过触摸屏和操作按钮完成控制系统的操作。

（2）系统启动操作步骤：

1）检查主截止阀、支气路截止阀完全打开。

2）检查主气路管道压力＞0.5MPa，所有气路管道无漏气现象。

3）检查声波发生器冷却阀门及喇叭冷却阀门全开。

4）检查喇叭进口刀阀完全打开。

5）控制柜上电打开控制柜门，依次合上"ZK-1，ZK-2，ZK-3，ZK-4，ZK-5，ZK-6，ZK-7，ZK-8，ZK-9"9个空气开关；观察柜体面板电源指示灯、PLC、触摸屏、单片机工作是否正常，照明灯是否点亮，直流24V电源电压是否在允许范围内，有无异味及其他异常现象，合上风扇开关，观察风扇是否正常工作。

6）控制柜检查：电源显示正常，PLC、触摸屏、单片机工作正常。

7）检查并设置运行参数：设备运行时间60s，间隔时间900s；设备检测频率120Hz，检测幅度70V。

8）合上第一台功放开关，待功放电压和电流表显示数字闪烁完毕归零后，按下该台的"START"按钮，然后按上述步骤开启第二台功放。

9）接到启动设备命令时，按下启动按键即可启动设备（DCS同样可以完成启动）。

10）系统启动后应观察发生器运行时的功放电流，声音频率不一样时功放电流会有一些变化，正常情况下功放电流应该在0.5～5A之间，如电流过大（＞5A）或过小（＜0.5A），可利用功放电流调节旋钮将电流调节至正常值。

（3）系统停止操作步骤：

1）停止设备时，打开控制柜，按操作面板上的"停止"按钮即可（DCS同

声波吹灰器

声波吹灰器就地控制箱

就地控制箱液晶显示屏

样可以停止）。

2）如有必要，关闭就地各阀门。

3）系统需停电时，先停功放电源，然后依次断开控制柜内上述9个空气开关。

点击触摸屏，点击画面任意位置，出现图4相应画面；点击"自动控制"按钮出现下列画面，点击用户栏，输入"ADMIN"如图5所示；点击"密码框"输入"222222"如图6所示。点击四个圆点旁边的数字，设定运行时间为60s，点击箭线上的数，设定等待时间为900s如图7所示。点击需参运行的单元使其变为绿色。进入监测画面，设定检测频率为120Hz，设定检测幅度为70V如图8所示。然后返回。

合上第一台功放开关，待功放电压和电流表显示数字闪烁完毕归零后，按该台的"START"按钮，然后按上述步骤开启第二台功放如图9所示。

接到启动设备命令时，按下启动按键即可启动设备（DCS同样可以完成启动）。

　　停止设备时，打开控制柜，按下门后操作面板上的"停止"按钮即可（DCS同样可以停止）。

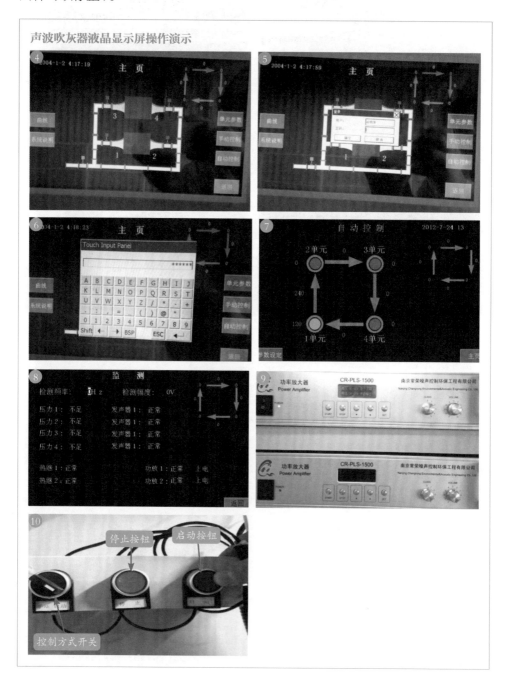

声波吹灰器液晶显示屏操作演示

电气篇

第 11 章

发电机变压器组

莱州电厂一期工程2×1050MW机组通过分相主变压器接入500kV系统，500kV电气主接线采用双母线接线。

发电机出口不设断路器，一期两台机组设一台分裂启动备用变压器，高压侧电源由厂内500kV配电装置引接，降压至10kV；每台机组配置两台双圈高压厂用变压器。发电机与主变压器之间采用全连式离相封闭母线连接，主变压器至500kV配电装置采用架空线连接。500kV至变压器高压侧中性点直接接地。

11.1 | 500kV GIS

500kV GIS采用三相分壳式（一相一壳式）结构，分相布置，将断路器、隔离开关、接地开关、母线、互感器、避雷器等主要元件均装入密封的金属壳体内，内部充以SF_6气体作为绝缘及灭弧介质。莱光一线、二线出线无异音、无渗漏。

断路器采用SF_6气体绝缘断路器、每相双断口，采用复合压气式灭弧室，合–分时间为40～60ms，额定操作循环O–0.3s–CO–180s–CO。

500kV断路器正常运行维护项目：

（1）检查断路器本体各部件应完整无损。

（2）操作机构安全可靠、无异常振动和噪声。

（3）检查断路器本体分合闸指示与机械、电气指示位置一致。

（4）检查断路器液压机构油箱油位正常，无渗漏油现象。

（5）检查母线及主回路导电连接处无过热情况。

（6）检查断路器液压机构压力在正常范围内，液压油泵打压情况正常。

（7）检查SF_6气体压力正常，压力符合制造厂家规定。

发电机变压器组断路器正面图

主变压器间隔#1气室A相
SF₆密度继电室：0.53MPa

液压机构油压：33MPa

液压机构油箱油位：2/3

电压检测装置

操作指示：LIVE
无异常报警

熔丝

模式：NOR

检测按钮

电源指示灯

主变压器间隔汇控柜

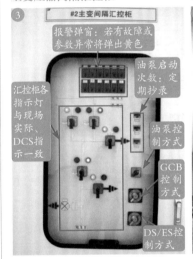

#2主变间隔汇控柜

报警弹窗：若有故障或
参数异常将弹出黄色

油泵启动
次数：定
期抄录

汇控柜各
指示灯
与现场
实际、
DCS指
示一致

油泵控
制方式

GCB
控制
方式

DS/ES控
制方式

发电机变压器组断路器侧面图

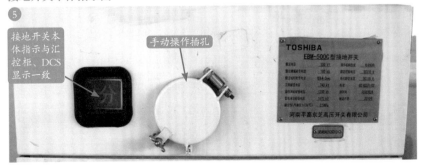

断路器吸附剂

断路器本体指示与汇控柜、DCS显示一致

断路器动作次数：定期抄录

接地开关本体指示图

接地开关本
体指示与汇
控柜、DCS
显示一致

手动操作插孔

TOSHIBA
EBM-500C型接地开关

河南平高东芝高压开关有限公司

193

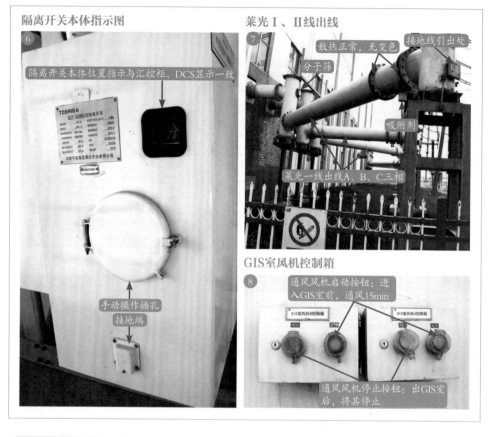

11.2 发电机

　　发电机的发热部件主要是定子绕组、定子铁芯（磁滞与涡流损耗）和转子绕组。必须采用高效的冷却措施，使这些部件所发出的热量散发出去，以使发电机各部分温度不超过允许值。

　　莱州电厂2×1050MW机组发电机为QFSN-1000-2-27汽轮发电机，发电机为汽轮机直接拖动的隐极式、二级、三相同步发电机，发电机冷却方式为水–氢–氢，采用静止可控硅，机端变压器自励方式励磁，并采用端盖式轴承支撑。发电机采用水–氢–氢冷却方式，即发电机定子绕组及引线是水内冷，发电机转子绕组是氢内冷，转子本体及定子铁芯是氢冷。

　　在火电厂中，发电机至变压器的连接母线如采用敞露式母线，会导致绝缘子表面容易被灰尘污染，尤其是母线布置在屋外时，受气候变化和污染更为严重，很易造成绝缘子闪络及由于外物所致造成母线短路故障。采用的分相隔离式封闭母线，用于发电机出口与主变压器、厂用高压变压器、励磁变压器之间的连接，安装发电机出口电流互感器、出口电压互感器、避雷器、电容器等设备。发电机变压器组采用单元接线，2台高压厂用工作变压器从发电机与主变压器之间支接。

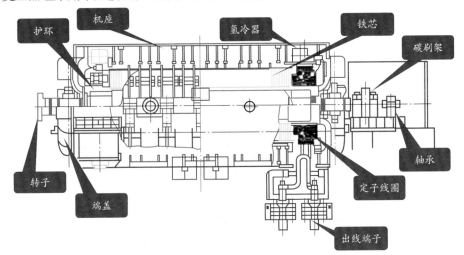

发电机本体冷却结构示意图

发电机正常运行维护项目：

（1）发电机运行参数正常。

（2）发电机本体清洁无异物，无漏水、漏气、渗油现象。

（3）发电机本体各部分无异音、异常振动、异味。

（4）发电机碳刷、滑环、均压弹簧安装牢固，压力适当。

（5）碳刷在刷窝内无跳动或卡涩现象，无过热冒火现象。

（6）发电机水冷系统、氢冷系统各参数运行正常，密封油差压正常。

（7）检查发电机大轴接地铜刷辫与大轴接触良好，无过热、颤振及放电现象。

（8）检查发电机绝缘过热装置、局部放电、漏氢检测装置运行正常，无异常报警。

（9）检查发电机中性点及出线封闭母线温度正常。

发电机碳刷

碳刷群磨损严重进行定期更换

碳刷无跳动、卡涩现象

发电机放电在线监测装置

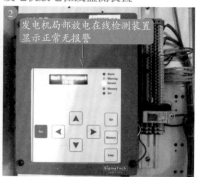

发电机局部放电在线检测装置显示正常无报警

发电机漏氢检测装置

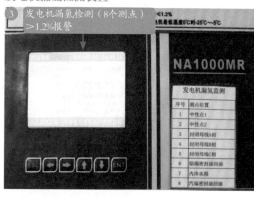

发电机漏氢检测（8个测点）>1.2%报警

NA1000MR

发电机漏氢监测	
序号	测点位置
1	中性点1
2	中性点2
3	封闭母线A相
4	封闭母线B相
5	封闭母线C相
6	防端密封油回油
7	内冷水箱
8	汽端密封油回油

发电机封闭母线中性点温度检测装置

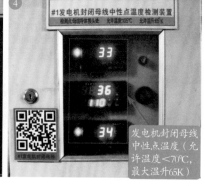

#1发电机封闭母线中性点温度检测装置
检测高压母线组母体接头处   允许温度105℃   允许温升65K

33
36
110
34

发电机封闭母线中性点温度（允许温度<70℃，最大温升65K）

发电机绝缘过热监测装置

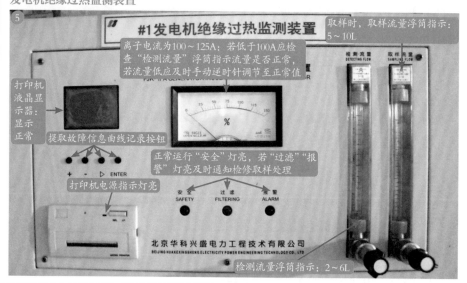

#1发电机绝缘过热监测装置

取样时，取样流量浮筒指示：5～10L

离子电流为100～125A；若低于100A应检查"检测流量"浮筒指示流量是否正常，若流量低应及时手动逆时针调节至正常值

打印机液晶显示器：显示正常

提取故障信息曲线记录按钮

打印机电源指示灯亮

正常运行"安全"灯亮，若"过滤""报警"灯亮及时通知检修取样处理

安全 SAFETY   过滤 FILTERING   报警 ALARM

北京华科兴盛电力工程技术有限公司
BEIJING HUAKEXINGSHENG ELECTRICITY POWER ENGINEERING TECHNOLOGY CO., LTD

检测流量浮筒指示：2～6L

检测流量 DETECTING FLOW   取样流量 SAMPLING FLOW

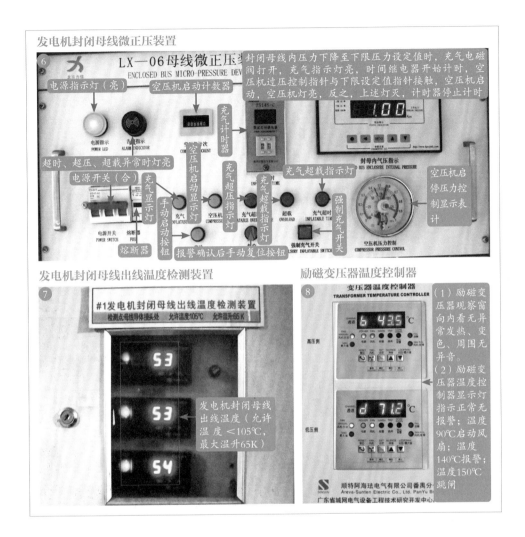

发电机封闭母线微正压装置

LX—06母线微正压装置
ENCLOSED BUS MICRO-PRESSURE DEVICE

封闭母线内压力下降至下限压力设定值时，充气电磁阀打开，充气指示灯亮，时间继电器开始计时，空压机过压控制指针与下限设定值指针接触，空压机启动，空压机灯亮，反之，上述灯灭，计时器停止计时

电源指示灯（亮）
空压机启动计数器
充气计时器

超时、超压、超载异常时灯亮
电源开关（合）
充气显示灯
空压机启动显示灯
充气超压指示灯
充气超载指示灯
强制充气开关
充气超载指示灯
空压机启停压力控制显示表计

电源开关 POWER SWITCH
熔断器
手动启动按钮
报警确认后手动复位按钮
空压机压力控制 COMPRESSOR PRESSURE CONTROL

发电机封闭母线出线温度检测装置

#1发电机封闭母线出线温度检测装置
检测点母线导体接头处 允许温度105℃ 允许温升65K

53
53
54

发电机封闭母线出线温度（允许温度＜105℃，最大温升65K）

励磁变压器温度控制器

变压器温度控制器
TRANSFORMER TEMPERATURE CONTROLLER

高压侧
6 43.5 ℃

低压侧
d 71.2 ℃

顺特阿海珐电气有限公司番禺分
Areva-Sunten Electric Co., Ltd. PanYu Br
广东省城网电气设备工程技术研究开发中心

（1）励磁变压器观察窗向内看无异常发热、变色、周围无异音。
（2）励磁变压器温度控制器显示灯指示正常无报警；温度90℃启动风扇；温度140℃报警；温度150℃跳闸

11.3 励磁系统

　　电力系统在正常运行中，发电机励磁电流的变化主要影响电网的电压水平和并联运行机组间无功功率的分配。它一般由励磁功率单元和励磁调节器两部分组成。励磁功率单元向发电机转子提供电流，即励磁电流；而励磁调节器则根据输入信号和给定的调节准则控制励磁单元的输出。整个励磁自动控制是由励磁调节器、励磁功率单元和发电机构成一个反馈控制系统。同步发电机励磁系统主要由功率单元和调节器（装置）两大部分组成。

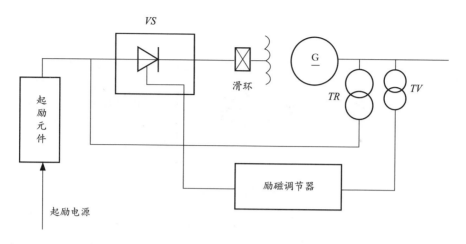

同步发电机励磁系统结构图

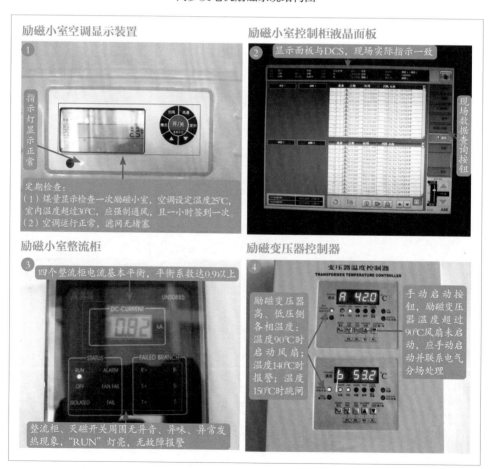

励磁小室空调显示装置

① 指示灯显示正常

定期检查：
（1）煤量显示检查一次励磁小室，空调设定温度25℃，室内温度超过30℃，应强制通风，且一小时签到一次。
（2）空调运行正常，滤网无堵塞。

励磁小室控制柜液晶面板

② 显示面板与DCS、现场实际指示一致

现场数据查询按钮

励磁小室整流柜

③ 四个整流柜电流基本平衡，平衡系数达0.9以上

整流柜、灭磁开关周围无异音、异味、异常发热现象，"RUN"灯亮，无故障报警

励磁变压器控制器

④ 变压器温度控制器
TRANSFORMER TEMPERATURE CONTROLLER

A 42.0℃

b 53.2℃

励磁变压器高、低压侧各相温度：温度90℃时启动风扇；温度140℃时报警；温度150℃时跳闸

手动启动按钮，励磁变压器温度超过90℃风扇未启动，应手动启动并联系电气分场处理

励磁变压器正常运行维护项目：

（1）励磁调节器运行方式正常，无异常报警信号。

（2）调节器柜没有任何异常报警。

（3）各仪表指示正常。

（4）调节器无异常声音。

（5）整流柜风机运行正常，空气进出风口无杂物堵塞。

（6）各整流柜输出基本平衡，且不大于额定值。

（7）励磁小室温度正常，空调设定温度适宜。

11.4 发电机出口电压互感器

1TV主要用于：发电机变压器组A屏失磁保护、发电机逆功率保护、程序逆功率保护、定子接地保护、发电机复合电压过流保护、发电机异常频率保护、发电机过激磁保护、发电机过电压保护、失步保护。若1TV二次电压消失（一次保险烧断），需检查励磁调节器由通道1切换至通道2、停用发电机变压器组A屏上述相关保护、拉开1TV二次小开关、拖出发电机1TV小车至检修位置、检查更换发电机1TV一次保险，测量发电机1TV绝缘良好、将1TV小车推至工作位置、合上发电机1TV二次小开关、检查自动电压调节器1通道备用跟踪良好，无异常信号，投入发电机变压器组A屏上述相关保护。

2TV主要用于：发电机变压器组B屏失磁保护、发电机逆功率保护、程序逆功率保护、定子接地保护、发电机复合电压过流保护、发电机异常频率保护、发电机过激磁保护、发电机过电压保护、失步保护。若2TV二次电压消失（一次保险烧断），需停用发电机变压器组B屏上述相关保护，拉开2TV二次小开关、拖出发电机2TV小车至检修位置、检查更换发电机2TV一次保险，测量发电机2TV绝缘良好、将2TV小车推至工作位置、合上发电机2TV二次小开关、投入发电机变压器组B屏上述相关保护。

3TV主要用于：发电机变压器组A、B屏发电机匝间保护。若3TV二次电压消失（一次保险烧断），需检查励磁调节器由通道2切换至通道1，停用发电机变压器组A、B屏发电机匝间保护、拉开3TV二次小开关、拖出发电机3TV小车至检修位置、检查更换发电机3TV一次保险，测量发电机3TV绝缘良好、将3TV小车推至工作位置、合上发电机3TV二次小开关、检查自动电压调节器2通道备用跟踪良好，无异常信号，投入发电机变压器组A、B屏发电机匝间保护。

发电机出口TV二次小开关

避雷器

发电机出口1TV、3TV

发电机出口2TV

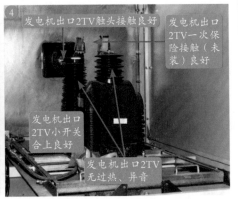

发电机出口TV正常运行维护项目：

（1）检查发电机出口TV触头接触良好。

（2）检查发电机出口TV无过热现象。

（3）检查发电机出口TV一次保险接触良好。

（4）检查发电机出口TV柜门关闭并上锁。

第 12 章

厂用电系统

厂用电系统有两个电压等级：10kV和400V。大于200kW的电动机由10kV高压厂用母线供电，200kW及以下容量的电动机由400V低压厂用母线供电。

12.1 | 10kV 高压厂用电系统和设备

10kV开关柜采用金属铠装抽出式开关柜，采用真空断路器与F-C回路两种供电方案。容量为1000kW及以上的泵类、800kW及以上的风机和1600kVA及以上的厂用变压器采用真空断路器回路，其余的采用F-C回路。

高压开关具备五防功能。内装设开关状态智能操控仪，功能包括模拟图动态显示、带电显示、温湿度控制等。10kV开关柜内设电加热器，并由智能操控仪中温湿度器进行控制。

12.1.1　10kV开关

10kV真空开关是一种保护设备，在线路发生故障时能自动分闸，保护线路；同时也能手动分闸切断负荷电流。而10kV真空接触器是一种反复操作的装置，能切断负载电流，不能开断短路电流，同时还带有敞开与常闭触点，且不具有短路电流的保护作用，只能受给定的信号来完成分开与保持。正常运行维护大体一致，只是无储能控制方式开关。

10kV开关正常运行维护项目：

（1）保护跳闸压板投入正常（开关传动试验时，投入传动试验压板）。

（2）三相带电指示灯指示正常（合闸时，灯亮）。

（3）二次插头状态显示与本体一致（投入时，显示灯亮）。

（4）开关闭锁绿灯亮（后柜门可打开）。

（5）加热控制方式为自动。

（6）接地开关与后柜门实际指示一致。

（7）开关分合闸状态显示正确（与本体、DCS显示一致）。

（8）保护装置投入正常，无报警（本体合闸时，运行与合位灯亮；分闸时，运行灯亮）。

（9）加热除湿显示灯显示正常（若湿度达到设定值加热灯亮，若温度达到50℃时，过热灯亮）。

（10）储能开关状态正确（送电：储能；停电：未储能）。

（11）控制方式开关（送电：远方；停电：就地）。

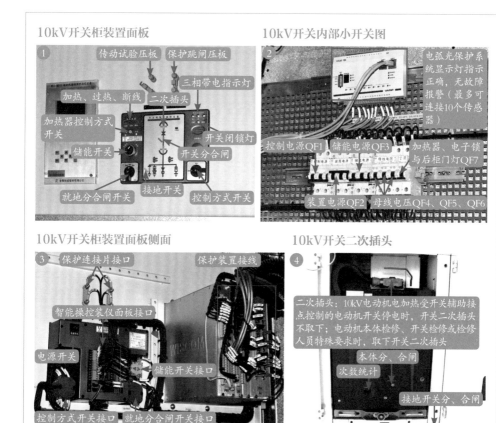

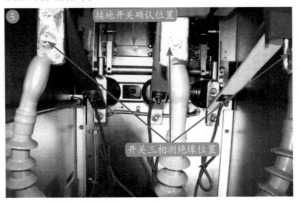

12.1.2 10kV母线进出开关

10kV母线TV 采用HY-3微机型谐振消除装置，其工作原理：瞬间过电压造成TV饱和感抗降低，过电压消失后，TV饱和度下降，感抗升高，当系统感抗和容抗匹配就会产生自激电磁共振现象，即TV非线性铁磁谐振。该装置通过瞬间短接TV开口三角，使TV感抗升高，破坏谐振条件，从而达到消除谐振目的。该装置在检测到系统产生设定频率的过电压后，对过电压进行消除动作，若过电压消失，记录谐振次数；若三次动作后，过电压仍然存在，装置不再进行消除动作，转而显示并发出报警信号。此时该装置已经自动退出运行状态，进入并保持报警状态，2min后装置自动投运，在此之前应尽快检查并确认过电压原因，排除故障勿使故障扩大。

谐振参数设置：可监测一段母线；消谐频率可设置为工频的三分频、二分频、基频、二倍频、三倍频、四倍频、五倍频、六倍频和七倍频；消除电压幅值可设定0~200V。

10kV母线正常运行维护项目：

（1）母线电压正常。

（2）保护连接片投切位置正确。

（3）开关保护装置指示灯指示正确。

（4）动力开关分合闸指示正确。

（5）断路器电流指示在正常范围之内。

（6）各断路器运行正常。

（7）保护装置运行正常。

（8）检查各断路、二次插头是否接触良好，是否有过热现象。

（9）停电检修设备安全措施正确、完备。

10kV母线TV装置面板

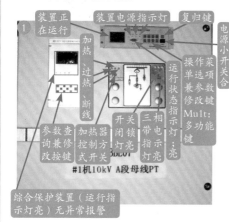

10kV母线工作电源开关装置面板

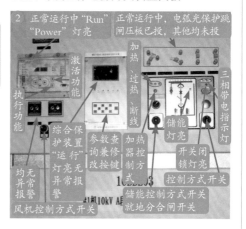

10kV母线工作进线分支TV

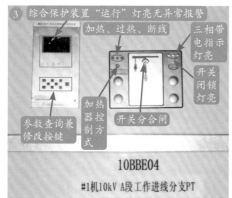

10kV母线备用电源开关

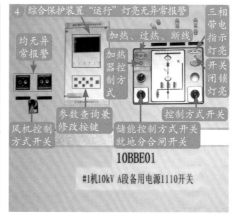

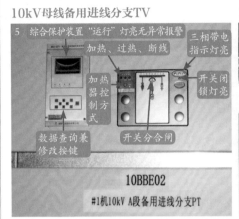

12.2 | 400V 低压厂用电系统和设备

低压厂用电系统采用400/230V，采用中性点直接接地方式。低压厂用电系统中，工作电源与备用电源可以有两种关系，即明备用和暗备用。

明备用是指正常情况下有明显断开的备用电源或备用设备，正常运行中全厂专设一台或多台低压厂用变压器作为备用电源，当任意一台低压厂用变压器检修或故障时，可将备用变压器投入，以保持母线设备的正常运行。

暗备用是指在正常运行中，所有低压厂用变压器都投入运行，没有明显断开的备用电源；即正常情况下没有断开的备用电源或备用设备，而是分段母线间利用分段断路器取得相互备用。

主厂房低压厂用电系统均采用OKKEN型开关柜，辅助厂房厂用电系统采用MZS型开关柜。开关柜本体分隔成三个小室，即主母线室、电器室和电缆室。

400V母线正常运行维护项目：

（1）母线电压正常。

（2）保护连接片投切位置正确。

（3）开关保护装置指示灯指示正确。

（4）动力开关分合闸指示正确。

（5）各设备开关电流指示在正常范围之内。

（6）各设备开关运行正常。

（7）保护装置运行正常。

（8）检查各开关、接触器、继电器、电缆、铜铝排是否接触良好，是否有过热现象。

（9）停电检修设备完全措施正确、完备。

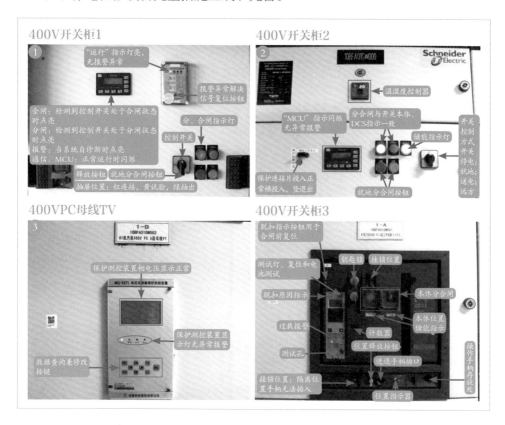

12.3 凝结水泵变频装置

凝结水泵和氧化风机系统采用一拖一工/变频切换方案，其中QS表示高压隔离开关，QS41、QS42和QS43之间存在电气闭锁和机械闭锁关系。QS41、QS42和QS43有"五防"功能，即柜门有防止误入带电间隔功能；QS41、QS42和

QS43与断路器QF合闸回路有硬接线联锁，以防带负荷拉合隔离开关；QS41、QS42和QS43有电磁锁，运行中禁止手动分合闸闭锁。变频工况，断开QS43、闭合QS41、QS42，风机处于变频运行工况；当机组凝结水泵变频运行故障跳闸时，断开QS41、QS42，闭合QS43开关，凝结水泵至工频工况运行。

整套变频装置由旁路柜、变压器柜、变频单元柜、控制柜等部件组成。

凝结水泵变频装置正常运行维护项目：

（1）检查变频室环境温度为−10~40℃。

（2）检查变频器装置工作正常。

（3）检查变频器柜风扇完好，进出口畅通无堵塞。

（4）检查变频器无过热、振动等异常现象。

（5）检查变频器面板显示正确，变频器柜无异常声音。

（6）变频室内卫生干净、无异物。

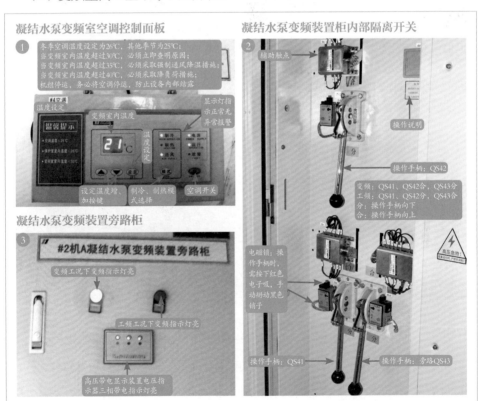

凝结水泵变频Q43开关

④ 观察窗：隔离开关内部无异音、异味、过热、异常等现象

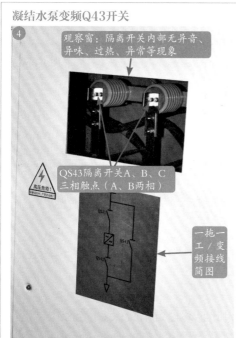

QS43隔离开关A、B、C三相触点（A、B两相）

一拖一工／变频接线简图

变压器温控仪

⑤ 温控仪：三相温度是否均衡，记录运行温度

274

当变压器三相中任一相超过变压器报警温度130℃，就会发出超温警报；温度超过140℃，系统报警并自动跳闸停机

变压器风机电源开关

⑥

变压器柜顶风机

功率柜柜顶风机

变压器柜顶底风机

凝结水泵变频装置控制柜液晶显示器1

⑦ 液晶屏显示与DCS、实际指示一致无异常报警指示

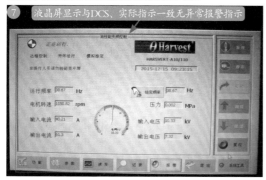

凝结水泵变频装置控制柜

⑧ 紧急停机：变压器运行情况下，按下紧停按钮，变频器立即封锁输出，同时控制高压真空断路器跳闸；停机情况下，按下紧停按钮，变频器不能启动。拔除开关帽，解除锁定状态

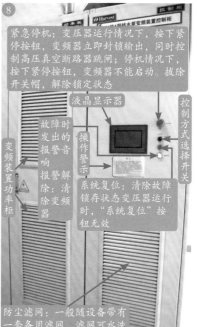

液晶显示器

控制方式选择开关

变频装置功率柜

故障时发出的报警音响

操作警示

报警解除：清除变频器

系统复位：清除故障锁存状态变压器运行时，"系统复位"按钮无效

防尘滤网：一般随设备带有一套备用滤网，滤网可水洗

凝结水泵变频装置控制柜液晶显示器2

⑨

凝结水泵变频三相模块信息正常无异常报警

操作按键

第 13 章

事故保安、直流及UPS系统

发生全厂停电事故时，事故保安电源向事故保安负荷继续供电，保证机组和主要辅机的安全停机。柴油发电机组是专为机组配置的交流事故保安电源。

13.1 事故保安电源

火电厂有可能发生全厂停电事故，因此必须设置事故保安电源，向事故保安负荷继续供电，保证机组和主要辅机的安全停机。它可以给机组提供安全停机所必须的交流电源，如汽轮机交流润滑油泵、盘车电机、顶轴油泵、密封油泵等，从而保证了机组的安全停机。

每台机组汽轮机和锅炉各设两段380/220V交流保安MCC，分别为汽轮机和锅炉的保安负荷供电。每台保安MCC的电源分别由本机组的380V厂用PC A（B）段及柴油发电机引接。

正常运行时，保安MCC段由厂用母线供电，当失电时，自动切换到另一段PC母线；若切换不成功，启动柴油发电机，柴油发电机电压正常后自动合上柴油发电机出口开关，保安电源切换到柴油发电机供电。电源切换成功后，通过DCS分批投入保安电源。

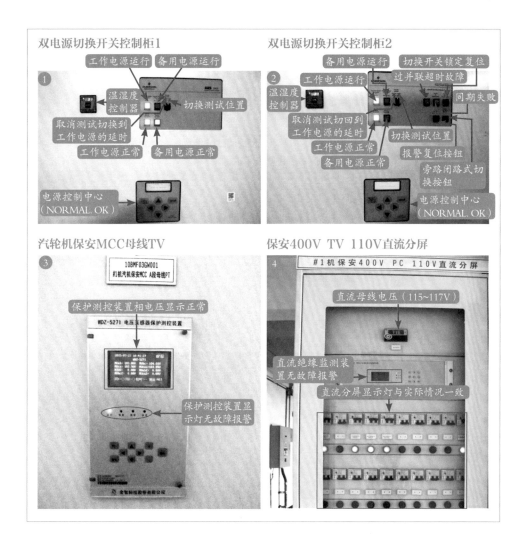

13.2 柴油发电机

　　柴油发电机以轴向通风为主。柴油发电机采用闭式循环水冷却，闭式循环水采用散热器风冷，不需外供水源，补水箱和冷却水管中在冬季应加防冻液。集装箱内加装2个缸体水套加热器（2×6kW），安装在发动机缸体位置，小于27℃时加热器运行，达到38℃时，自动停止。

　　电动百叶窗与柴油发电机本体联锁，并具有进排风防风沙装置：当柴油发电机组应急启动时，电动百叶窗自动开启，并能达到满足柴油发电机组正常工作的排风要求；当柴油发电机组关闭时，电动百叶窗自动关闭紧密，发电机冷却方式采用自然通风冷却。

柴油发电机正常运行维护项目：

（1）机组无泄漏，机油、冷却液、燃油液位正常。

（2）柴油机运行时检查冷却风机运转正常。

（3）检查蓄电池各部正常、自动充电良好。

（4）检查柴油机控制方式正确。

（5）检查各仪表指示正常，冷却水温正常，机油压力、温度正常。

（6）检查柴油机就地控制面板上钥匙位置正确。

（7）检查蓄电池电压指示大于24V。

柴油发电机百叶扇控制柜

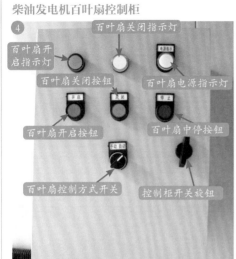

④

百叶扇关闭指示灯

百叶扇开启指示灯

百叶扇关闭按钮

百叶扇电源指示灯

百叶扇开启按钮

百叶扇中停按钮

百叶扇控制方式开关

控制柜开关旋钮

柴油发电机百叶扇控制柜内部

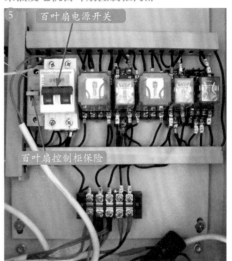

⑤

百叶扇电源开关

百叶扇控制柜保险

柴油发电机电源控制柜

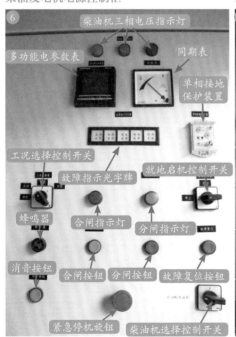

⑥

柴油机三相电压指示灯

多功能电参数表

同期表

单相接地保护装置

工况选择控制开关

故障指示光字牌

就地启机控制开关

蜂鸣器

合闸指示灯

分闸指示灯

消音按钮

合闸按钮

分闸按钮

故障复位按钮

紧急停机旋钮

柴油机选择控制开关

柴油发电机油箱

⑦

柴油机油箱油位

柴油机油箱、地面无渗漏、污染

213

13.3 | 直流系统 ◢

直流系统主要用于对开关电器的远距离操作、信号设备、继电保护、自动装置及其他一些重要的直流负荷（如事故油泵、事故照明和不停电电源等）的供电。

直流系统正常运行维护项目：

（1）正常运行应监视110V直流母线电压为115～117V，220V直流母线电压为231～234V。

（2）直流绝缘检测装置运行正常，无接地报警。

（3）充电装置及母线连接线处良好，无松动发热现象，室温符合要求（−10～40℃）。

（4）直流系统熔断器完好，充电装置输入、输出电流、电压正常，风扇运行正常。

（5）检查直流屏上各隔离开关、断路器的实际位置与运行方式相符，各电源模块运行方式一致。

（6）检查各表计指示正常，装置无异音和放电现象。

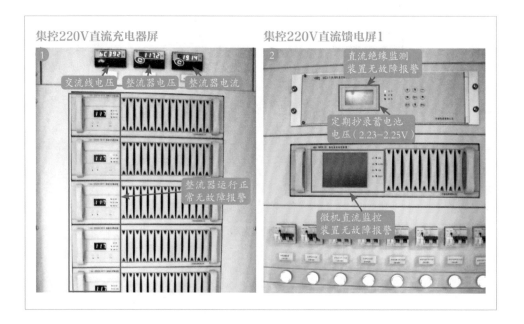

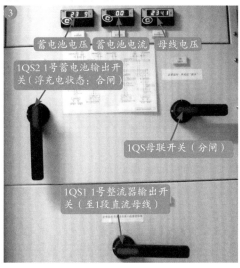

13.4 UPS 系统

静态交流不停电电源（Uninterruptible Power Supply，简称UPS），由于其供电可靠性、连续性很高，目前已成为计算机、热工电源、故障录波器等不可缺少的供电装置，其主要功能是：提供高质量电源以满足对供电质量要求高的用电设备的供电，一旦电网供电中断，立即由UPS的直流电源（220V蓄电池组）维持供电的连续性，若UPS本身故障或需要检修时，则由旁路电源供电，以便争取时间妥善处理。

UPS 正常工作状态是由交流工作电源供电，经整流、逆变后提供交流220V恒频、恒压电源。逆变器输出频率、相位与备用电源保持同步；当交流工作电源消失或整流器等元器件故障时，由电厂（变电站）220V（110V）直流系统或自带蓄电池组经闭锁二极管向逆变器供电；当逆变器故障输出电压异常（过高、过低）或过载时，则由静态切换开关SS切换至旁路备用电源供电；平时，逆变器输出电压要跟踪旁路输出电压。手动旁路开关S 主要用于在逆变器和静态切换开关维修时，保持不间断供电。旁路开关S用二副常闭、一副常开触点，先闭后开。

　　UPS由整流器、逆变器、静态转换开关、旁路系统及与之配套的蓄电池组等元器件组成。

　　UPS装置正常运行维护项目：

　　（1）柜内各元件无异音、异味及过热现象。

　　（2）检查UPS装置状态指示灯指示正确，各冷却风扇运转正常。

　　（3）检查UPS装置输出电压、输出电流正常。

　　（4）检查UPS装置旁路稳压柜运行正常。

　　（5）检查UPS装置各隔离开关、断路器实际位置与运行方式相符。

　　（6）检查UPS装置无异常报警信号。

　　（7）UPS负荷馈线柜内各负荷开关合闸良好，指示灯指示正确。

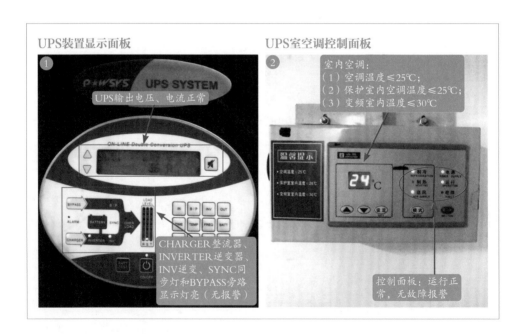

13.5 蓄电池系统

　　电厂的直流系统主要用于对开关电器的远距离操作、信号设备、继电保护、自动装置及其他一些重要的直流负荷（如事故油泵、事故照明和不停电电源等）的供电。直流系统是火电厂厂用电中最重要的一部分，它应保证在任何事故情况下都能可靠和不间断地向其用电设备供电。

直流系统由蓄电池组及充电装置组成，向所有直流负载供电。蓄电池组与充电装置并联运行。充电装置正常运行时除承担经常性的直流负荷外，还同时以很小的电流向蓄电池组进行充电，用以补偿蓄电池组的自放电损耗，但当直流系统中出现较大的冲击性直流负荷时，由于充电装置容量小，只能由蓄电池组供给冲击负荷，冲击负荷消失后，负荷仍恢复由充电装置供电，蓄电池组转入浮充电状态，这种运行方式称为浮充电运行方式。

每台机组设两组控制负荷专用蓄电池组，输出电压为110V，额定容量为1000Ah，每组52只，不设端电池。每台机组设一组动力负荷及直流事故照明专用蓄电池组，输出电压为220V，额定容量为2200Ah，每组104只，不设端电池。

电池管理是监控装置的核心功能，采用二级监控模式，对电池组的端电压、充放电电流、电池环境温度及其他参数作实时在线监测。可准确地根据电池的充放电情况估算电池容量的变化，还能按用户事先设置的条件自动转入限流均充状态，并通过控制充电电压和电流来完成电池的正常均充过程。另外可自动完成电池的定时均充维护，均/浮充电压温度补偿等工作，实现全智能化，不需要人工干预。

蓄电池室正面图

蓄电池室侧面图

主厂房110、220V网控、脱硫直流系统用蓄电池采用阀控蓄电池，单体额定电压为2V，电池浮充电压为2.23～2.25V。

蓄电池组正常运行维护项目：

（1）检查蓄电池室温度应保持在5～35℃。

（2）蓄电池瓶清洁完好，连接片无松动和腐蚀现象。

（3）壳体无渗漏和变形，无酸雾和气体逸出。

（4）每只蓄电池电压应保持在2.23～2.25V。

（5）蓄电池自动巡检装置运行正常。

（6）检查蓄电池接线头连接牢固可靠，无发热、锈蚀，绝缘良好。

第 14 章

继电保护

继电保护装置是指反映电力系统中电气元件发生故障或不正常运行状态，并动作于断路器跳闸或发出信号的一种自动装置。

继电保护原理是利用被保护线路或设备故障前后某些突变的物理量为信息量，当突变量达到一定值时，起到逻辑控制环节，发出相应的跳闸脉冲或信号。

继电保护基本任务是：①发生故障时，自动、迅速有选择地将故障选件（设备）从电力系统中切除，使非故障部分继续运行。②对不正常运行状态，为保证选择性，一般要求保护经过一定的延时，并根据运行维护条件，而动作于发出信号（减负荷或跳闸），且能与自动重合闸相配合。

微机保护装置投入运行步骤（各种型号微机保护均参照执行）：

（1）检查保护屏所有压板在断开位置；

（2）合上保护屏后直流电源小开关；

（3）合上保护屏后交流电压小开关；

（4）检查装置自检正常，无异常信号；

（5）投入保护装置功能投入压板；

（6）检查保护装置无异常信号；

（7）根据系统运行方式装上保护装置相应跳闸出口压板。

微机保护装置正常运行维护项目：

（1）每班接班时，应检查继电保护和自动装置无异味、过热、异声、振动、异常信号。

（2）检查所有户外端子箱密封良好，TV二次开关在投入位置。

（3）装置所属各指示灯指示情况及保护的投、停均和当时的实际运行方式相符。

（4）检查继电器罩壳及微机保护柜门等完整，无裂纹。

（5）装置所属断路器、隔离开关、熔断器、插头、压板等位置应正确。

（6）继电器接点无抖动、发热、异音现象。

（7）保护装置显示正常，无动作信号、掉牌及其他异常现象。

14.1 | 500kV 母线保护 ◢

500kV母线配置两套含失灵保护功能具有不同原理、完全独立、完整的微机型母线保护：BP-2CS微机母线保护装置和RCS-915型微机母线保护装置。两套母线差动保护分别组屏，并且其交流电流、交流电压、直流及跳闸出口回路完

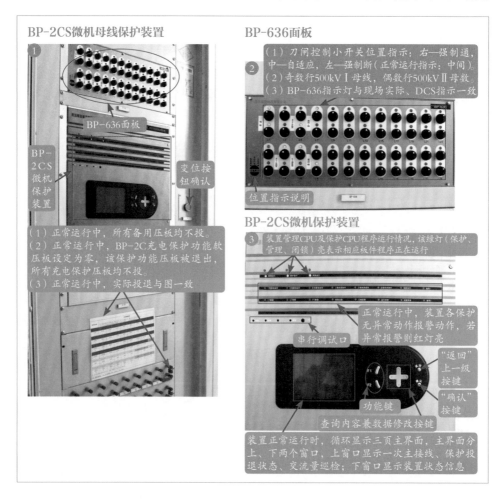

BP-2CS微机母线保护装置

① BP-636面板

BP-2CS微机保护装置

变位按钮确认

（1）正常运行中，所有备用压板均不投。
（2）正常运行中，BP-2C充电保护功能软压板设定为零，该保护功能压板被退出，所有充电保护压板均不投。
（3）正常运行中，实际投退与图一致

BP-636面板

② （1）刀闸控制小开关位置指示：右—强制通，中—自适应，左—强制断（正常运行指示：中间）
（2）奇数行500kV Ⅰ母线，偶数行500kV Ⅱ母线
（3）BP-636指示灯与现场实际、DCS指示一致

位置指示说明

BP-2CS微机保护装置

③ 装置管理CPU及保护CPU程序运行情况，该绿灯（保护、管理、闭锁）亮表示相应板件程序正在运行

串行调试口

正常运行中，装置各保护无异常动作报警动作，若异常报警则红灯亮

"返回"上一级按键

"确认"按键

功能键

查询内容兼数据修改按键

装置正常运行时，循环显示三页主界面，主界面分上、下两个窗口，上窗口显示一次主接线、保护投退状态、交流量巡检；下窗口显示装置状态信息

全独立。控制与保护回路直流电源相互独立。

　　BP-2CS微机母线保护装置可以实现母线差动保护、断路器失灵保护、母联失灵保护、母联死去保护、TA断线判别功能及TV断线判别功能。其中差动保护与断路器失灵保护可经硬压板、软压板及保护控制字分别选择投退。母线充电过流保护及母联非全相保护可根据工程需求配置，配置该保护出口压板。

　　RCS-915微机母线保护装置可以实现母线差动保护、母线充电过流保护、断路器失灵保护、母联失灵保护、母联死区保护、母联过流保护、母联非全相保护分段失灵、启动分段失灵及断路器失灵保护等功能（注：①双母运行母联开关变成死开关前，投单母运行压板，母联开关恢复正常运行后取下投单母运行压板；

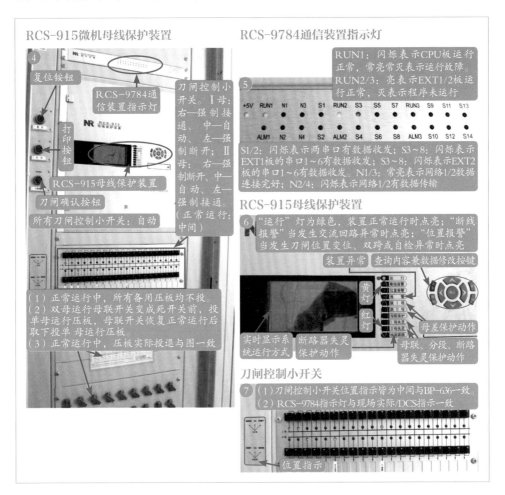

②母线运行母联开关拉开前投母联检修压板，母联开关合闸后取下该压板）。

500kV母线保护正常运行维护项目：

（1）BP-636面板各小开关位置指示：自适应，显示灯与现场实际、DCS指示一致。

（2）BP-2CS微机成套保护装置"运行"灯亮，无异常保护动作报警。

（3）RCS-9784A显示灯指示正常，无异常报警。

（4）RCS-915母线保护装置"运行"指示灯亮，无异常保护动作报警。

（5）母线保护压板投、退正确。

14.2 | 500kV 线路及断路器保护装置

一期工程500kV线路按照双重化配置微机光纤保护，其中一套保护包括RCS-931AMV光纤电流差动保护装置、RCS-925A过电压及远方跳闸保护、RCS-923C断路器保护装置及CZX-12R2分相操作箱；另一套保护采用CSC-101D纵联距离（方向）保护装置、CSC-125A过电压及远方跳闸保护装置。母联断路器采用RCS-923C断路器保护装置，操作箱采用CZX-12R2分相操作箱。每个保护装置都有自身"复归"按钮。

500kV线路及断路器保护装置正常运行维护项目：

（1）CZX-12R2操作继电器箱：跳圈A、B、C三相回路监视信号灯（OP）灯亮，无跳闸报警。

（2）CSC-125A数字式故障启动装置："运行"指示灯亮，无异常报警。

（3）CSY-102A远方信号装置："运行"监视指示灯亮，无异常报警。

（4）CSC-101D数字超高压线路保护装置："运行""充电"指示灯亮，无异常保护动作报警。

（5）RCS-923断路器失灵及辅助保护装置："运行"信号灯亮，无异常保护动作。

（6）RCS-925过电压保护及故障启动装置："运行"指示灯亮，无异常报警。

南瑞500kV微机光纤保护

① CZX-12R2操作继电器箱

复归

RCS-923断路器失灵及辅助保护装置

打印

（1）正常运行中，所有备用压板均不投。
（2）充电保护与过流保护共用跳闸出口压板，非全相保护退出，使用断路器本体的非全相保护压板。
（3）充电保护、过流保护正常退出。
（4）正常运行中，压板实际投退与图标一致。

CZX-12R2操作继电器箱

② 第一、二组跳圈A、B、C三相回路监视信号灯亮

重合闸信号灯灭

NR

第一、二组跳圈回路A、B、C三相跳闸信号灯灭

指示交流电压取自Ⅰ/Ⅱ母TV

RCS-923断路器失灵及辅助保护装置

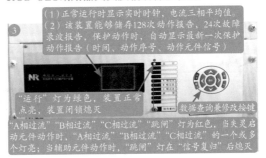

③ （1）正常运行时显示实时时钟，电流三相平均值。
（2）该装置能够储存128次动作报告，24次故障录波报告，保护动作时，自动显示最新一次保护动作报告（时间、动作序号、动作元件信号）

数据查询兼修改按键

"运行"灯为绿色，装置正常点亮，装置闭锁熄灭
"A相过流""B相过流""C相过流""跳闸"灯为红色，当失灵启动元件动作时，"A相过流""B相过流""C相过流"的一个或多个亮；当辅助元件动作时，"跳闸"灯在"信号复归"后熄灭

北京四方500kV微机光纤保护

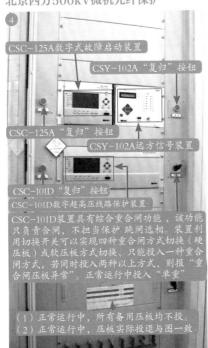

④ CSC-125A数字式故障启动装置

CSY-102A "复归"按钮

CSC-125A "复归"按钮

CSY-102A远方信号装置

CSC-101D "复归"按钮

CSC-101D数字超高压线路保护装置

CSC-101D装置具有综合重合闸功能，该功能只负责合闸，不担当保护跳闸选相。装置利用切换开关可以实现四种重合闸方式切换（硬压板）或软压板方式切换、只能投入一种重合闸方式，若同时投入两种以上方式，则报"重合闸压板异常"。正常运行中投入"单重"。

（1）正常运行中，所有备用压板均不投。
（2）正常运行中，压板实际投退与图一致

CSC-125A数字故障启动装置

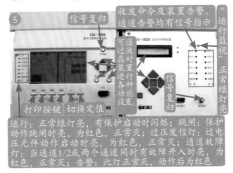

⑤ 信号复归

收发命令及装置告警、通道告警均有信号指示

可通过对装置进行各种功能设置

"运行监视"正常绿灯亮

信号复归

打印按键 切换定值

运行：正常绿灯亮，有保护启动时闪烁；跳闸：保护动作跳闸时亮，为红色，正常灭；过压发信灯；过电压元件动作启动时亮，为红色，正常灭；通道故障灯：当通道1/2或两个通道同时有故障开入时亮，为红色，正常灭；告警：此灯正常灭，动作后为红色

CSY-102A远方信号装置

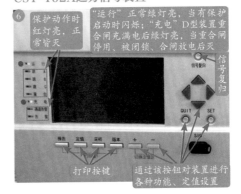

⑥ 保护动作时红灯亮，正常皆灭

"运行"正常绿灯亮，当有保护启动时闪烁；"充电"D型装置重合闸充满电后绿灯亮，当重合闸停用、被闭锁、合闸放电后灭

信号复归

信号复归

QUIT SET

报告 定值 采样 版本 + —

打印按键

通过该按钮对装置进行各种功能、定值设置

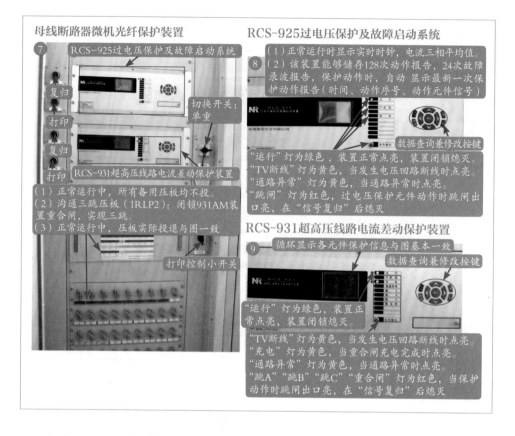

母线断路器微机光纤保护装置

RCS-925过电压保护及故障启动系统

⑦ RCS-925过电压保护及故障启动系统

复归
打印
复归
打印

切换开关：
单重

RCS-931超高压线路电流差动保护装置

（1）正常运行中，所有备用压板均不投。
（2）沟通三跳压板（1RLP2）：闭锁931AM装置重合闸，实现三跳。
（3）正常运行中，压板实际投退与图一致

打印控制小开关

（1）正常运行时显示实时时钟，电流三相平均值。
⑧（2）该装置能够储存128次动作报告，24次故障录波报告，保护动作时，自动显示最新一次保护动作报告（时间、动作序号、动作元件信号）

数据查询兼修改按键

"运行"灯为绿色，装置正常点亮，装置闭锁熄灭。
"TV断线"灯为黄色，当发生电压回路断线时点亮。
"通路异常"灯为黄色，当通路异常时点亮。
"跳闸"灯为红色，过电压保护元件动作时跳闸出口亮，在"信号复归"后熄灭

RCS-931超高压线路电流差动保护装置

⑨ 循环显示各元件保护信息与图基本一致

数据查询兼修改按键

"运行"灯为绿色，装置正常点亮，装置闭锁熄灭。
"TV断线"灯为黄色，当发生电压回路断线时点亮。
"充电"灯为黄色，当重合闸充电完成时点亮。
"通路异常"灯为黄色，当通路异常时点亮。
"跳A""跳B""跳C""重合闸"灯为红色，当保护动作时跳闸出口亮，在"信号复归"后熄灭

（7）RCS-931超高压线路电流差动保护装置："运行""充电"灯亮，无异常保护动作报警。

（8）500kV线路及断路器保护压板投退正确。

14.3 发电机变压器组保护

一期工程发电机采用西门子7UM683型微机保护，励磁变压器、主变压器、高压厂用变压器采用西门子7UT68型微机保护装置。

发电机变压器组保护按双重化配置（非电量保护崇外）保护，每台机组保护共配置5面保护柜。其中A、B柜配置两套完全相同的完整发电机和励磁变压器主、后备保护，C、D柜配置两套完全相同的完整主变压器、高压厂用变压器主、后备保护和断路器保护；E柜配置非电量保护、主变压器高压侧断路器操作

箱（断路器为三相联动操作机构）、保护管理机和打印机等。每套保护均含完整的发电机差动、主变压器差动、高压厂用变压器差动、发电机主保护及后备保护，非电量保护为独立装置，设置独立的电源回路及出口跳闸回路。两套保护装置完整、独立，安装在各自柜内，当运行中的一套保护因异常需退出或需要检修时，不影响另一套保护正常运行。

非电量保护的跳闸出口同时分别作用于500kV断路器的两个跳闸线圈；两套电气量保护跳闸回路与断路器的两个跳闸线圈一一对应。至每个断路器跳闸线圈的跳闸回路有供回路投退的连接片，各套非电量保护输入端都有连接片。

每个保护柜有各自独立的交直流电源，且控制及信号回路的电源相互独立、电量与非电量保护电源及回路相互独立、操作箱具有独立的电源，独立的跳闸出口回路，独立的模拟量输入，即不同柜的保护分别取自不同的TA、TV回路。不同组的TV回路不能通过保护装置或TV断线判别元件连接在一起，保证不同组的TV回路相互独立。

14.3.1 发电机变压器组保护配置

1. 发电机变压器组保护出口动作方式

（1）全停：断开发电机变压器组500kV侧断路器、断开发电机灭磁开关、断开A、B高压厂用工作变压器低压侧分支断路器、关闭主汽门、启动失灵保护（非电量保护不启动失灵保护）、启动10kV电源快速切换装置。

（2）程序跳闸：首先关闭主汽门，待程序逆功率保护动作后，动作于全停（除关闭主汽门外）。

（3）厂用电源切换：10kV工作段母线正常工作电源进线开关跳闸，启备电源进线开关合闸。

（4）减励磁：降低发电机励磁电流。

（5）减出力：将原动机出力减到给定值。

（6）信号：发出声光信号。

电量保护跳500kV断路器，其保护出口有两副接点去启动断路器失灵保护。

非电量保护不启动失灵。

2.保护配置

（1）保护A、B屏7UM621型微机保护采用的保护：

发电机差动、母差保护切机、不对称过负荷、对称过负荷告警、对称过负荷跳闸、误上电保护、定子接地保护（A屏为注入式保护、B屏为零序电压+三次谐波保护）、转子接地保护、失步、逆功率、频率保护、TA断线、失磁保护、复压过流动作。

（2）保护A、B屏7UT683型微机保护采用的保护：

发电机定子匝间保护、过励磁告警、过励磁定时限、过励磁反时限、励磁变压器速断、励磁变压器过流、励磁变压器过负荷告警、励磁变压器过负荷跳闸、发电机过电压、TA断线、TV断线、负序功率动作、备用。

（3）保护C、D屏7UT683型微机保护采用的保护：

保护C、D屏采用三套7UT683型微机保护，分别为主变压器、高压厂用变压器A、高压厂用变压器B、主变压器通风提供保护，另外配置一套。

1）主变压器保护：

差动保护、零序Ⅰ段、零序Ⅱ段、过负荷告警、备用、主变压器闪络t1、主变压器闪络t2、TA断线、TV断线。

2）厂用变压器保护：

差动保护、复压过流动作、限时速断、过电流、零序过流t1、零序过流t2、启动第一组风冷、备用、TA断线、TV断线。

3）断路器保护装置配置保护：零序启动、正序启动、负序启动、失灵保护动作、备用。

3.出口继电器

第一套保护屏（A、C）出口共配置9只7PA22、23型出口继电器，3只快速跳闸继电器，布置在保护C屏；第二套保护屏（B、D）出口共配置7只7PA22、23型出口继电器，布置在保护D屏。

（1）K1：出口全停。

（2）K2：程序跳闸。

（3）K3：跳A段工作电源开关、并闭锁厂用快切；K31：跳A厂用分支开关，闭锁A段厂用快切。

（4）K4：跳B段工作电源开关、并闭锁厂用快切；K41：跳A厂用分支开关，闭锁A段厂用快切。

（5）K5：跳灭磁开关。

（6）K6：跳母联开关。

（7）K7：跳主变压器高压侧开关。

（8）K10：跳主变压器、高压厂用变压器开关。

（9）K11：跳500kV断路器、灭磁开关跳圈2。

3只快速跳闸继电器：

（1）K1-1：启动失灵。

（2）K8：失灵保护启动母差。

（3）K9：解除母差保护复压闭锁。

保护E屏出口设3只7PA2型出口继电器：

（1）K1：出口全停。

（2）K11：保护动作跳主开关线圈2、灭磁开关跳圈2、闭锁主开关、厂用开关合闸。

（3）K2：励磁系统故障程序跳闸。

4．装置电源

（1）A、B屏直流电源：

1）1ZKK：直流电源1开关；

2）2ZKK：直流电源2开关；

3）3ZKK：7UM622保护装置电源；

4）4ZKK：7UT683保护装置电源；

5）5ZKK：定子接地保护注入单元（B屏无）。

（2）A、B屏交流电源：1JKK：发电机TV电压。

（3）C、D屏直流电源：

1）1ZKK：直流电源1开关；

2）2ZKK：直流电源2开关；

3）3ZKK：主变压器7UT683保护装置电源；

4）4ZKK：A高压厂用变压器7UT683保护装置电源；

5）5ZKK：B高压厂用变压器7UT683保护装置电源；

6）6ZKK：断路器保护装置7SJ612电源；

7）7ZKK：出口继电器电源。

（4）C、D屏交流电源：

1）1JKK：发电机出口TV；

2）2JKK：A高压厂用变压器低压侧TV电压；

3）3JKK：B高压厂用变压器低压侧TV电压；

4）1JKK：500kV母线电压。

（5）E屏直流电源：

1）1ZKK：直流电源1开关；

2）2ZKK：直流电源2开关；

3）3ZKK：非电量保护出口继电器电源；

4）4ZKK：TV切换装置；

5）5ZKK：备用；

6）11ZKK：主变压器高压侧出口开关控制电源1；

7）12ZKK：主变压器高压侧出口开关控制电源2。

14.3.2 发电机变压器组非电量保护（单套）

（1）发电机断水保护：该保护依据冷却水流量和压力的监视情况动作于瞬时信号，若经过一定延时后，冷却水的供给仍不能恢复到正常水平，则该保护动作于程序跳闸。延时和准确的启动模式由发电机制造厂提供。断水信号由发电机流量信号装置判断后给出，保护延时跳闸。

（2）变压器冷却系统故障保护：主变压器、厂用变压器冷却系统故障分两段，t1延时动作于信号；经"主变压器油温高"闭锁，t2延时动作于全停。本工程主变压器为三台单相变压器，每台单相变压器保护独立。

（3）变压器瓦斯保护：主变压器、厂用变压器配置瓦斯保护，主变压器为三台单相变压器，每台单相变压器保护独立。

重瓦斯保护，瞬时动作于全停，并能切换至信号；轻瓦斯保护，动作于信号。

（4）变压器绕组温度保护：主变压器、厂用变压器、励磁变压器配置绕组温度保护，温度高动作于信号；高高动作于全停或切换至信号。

（5）压力释放保护：主变压器、厂用变压器压力释放保护，它是一种能自动复位的机械装置，当变压器内部故障引起的内部压力异常升高时，动作于信号或全停。

（6）变压器油位：保护动作于信号。

（7）变压器油温：主变压器、厂用变压器配置油温保护，温度高动作于信号；高高动作于全停或切换至信号。

（8）励磁系统故障：由励磁系统给出故障接点，保护动作于全停并可切换至程序跳闸。

发电机变压器组保护屏正常运行维护项目：

（1）发电机变压器组保护A、B、C、D、E屏直流电源开关皆在合位。

（2）发电机变压器组保护A、B、C、D、E屏现场实际压板投退与下图一致。

（3）发电机变压器组保护A、B屏7UM621型微机保护装置"运行"指示灯亮，无异常故障报警。

（4）发电机变压器组保护A、B屏7UT683型微机保护装置"运行"指示灯亮，无异常故障报警。

（5）HZ发生器装置"RUN"指示灯亮，无异常报警信号。

发电机变压器组保护A屏上部

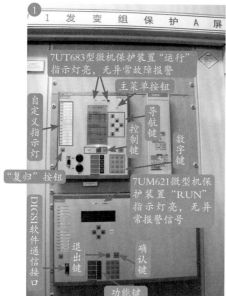

1

7UT683型微机保护装置"运行"指示灯亮，无异常故障报警

主菜单按钮

自定义指示灯

导航键

控制键

数字键

"复归"按钮

7UM621微型机保护装置"RUN"指示灯亮，无异常报警信号

DIGSI软件通信接口

退出键

确认键

功能键

发电机变压器组保护A屏下部

2

母线保护切机重动继电器

HZ发生器装置"RUN"指示灯亮，无异常报警信号

实际压板投退与图一致

发电机变压器组保护C屏

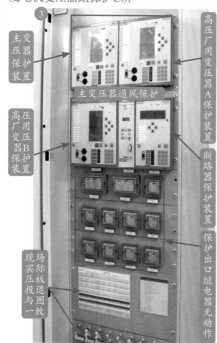

3

主变压器保护装置

高压厂用变压器A保护装置

主变压器通风保护

高压厂用变压器B保护装置

断路器保护装置

保护出口继电器无动作

现场实际压板投退与图一致

主变压器、高压厂用变压器A保护装置

4 发电机变压器组保护A、B屏7UT683型微机保护装置"运行"指示灯亮，无异常故障报警

自定义指示灯无异常指示报警

导航键

主菜单按钮

控制键

退出键

复归键

确认键

DIGSI软件通信接口 功能键 就地、远方

数字键

高压厂用变压器B、主变压器通风、断路器保护装置

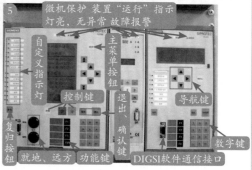

5 微机保护装置"运行"指示灯亮，无异常故障报警

自定义指示灯

主菜单按钮

控制键

退出、确认键

导航键

复归按钮

就地、远方 功能键

DIGSI软件通信接口

数字键

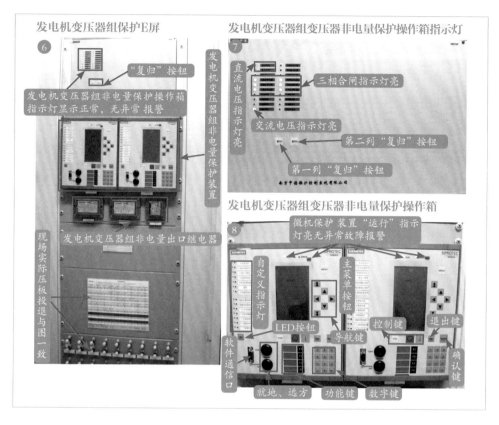

（6）发电机变压器组保护C、D屏采用三套7UT683型微机保护装置"运行"指示灯亮，无异常故障报警。

（7）发电机变压器组保护C、D屏7SJ612断路器保护装置"RUN"指示灯亮，无异常报警信号。

（8）发电机变压器组保护E屏操作箱指示灯显示正常，无异常故障报警。

（9）发电机变压器组非电量测控装置"RUN"指示灯亮，无异常报警信号。

（10）发电机变压器组保护屏（B、D、E）出口继电器无异常动作指示。

14.4 启动备用变压器保护 ◢

启动备用变压器保护共有3面屏，启动备用变压器采用西门子7UT683、7SJ681型微机保护，按照双重化配置；分支保护采用西门子7SJ681型微机保护，非电量保护装置采用西门子6MD63型保护装置。其中保护A、B屏配置为变压器差动保护7UT683以及变压器保护7SJ681，保护C屏配置有分支保护机7SJ681、非电量保护及操作箱。

启动备用变压器保护A、B屏完整、独立，安装在各自的柜内，当运行中的一套保护因异常需要退出或需要检修时，不影响另一套保护正常运行。非电量保护为独立的装置，设置独立的电源回路及出口跳闸回路。非电量保护跳闸出口同时分别动作于500kV断路器的两个跳闸线圈；两套电气量保护跳闸回路与断路器的两个跳闸线圈一一对应。

7UT683型微机保护采用的保护：变压器差动、启动备用变压器低压过流、启动备用变压器高压侧零序过流、变压器过励磁；7SJ681型微机保护采用的保护：启动备用变压器失灵、非全相保护、启动通风、变压器过负荷保护；分支7SJ681型微机采用的保护：分支速断、分支后加速、分支零序保护。

1．出口继电器

保护A、B屏出口配置4只7PA2型出口继电器、3只快速出口继电器；保护C屏出口共配置6只7PA2型出口继电器。

（1）保护A、B屏：

1）K1：全停；

2）K2：跳启动备用变压器高压侧开关；

3）K3：跳母联开关；

4）K11：闭锁变压器高低压侧开关合闸；

5）K1-1、K2-1：保护跳闸启动失灵保护、保护跳闸解除母差复压闭锁；

6）K4：失灵保护动作出口至母差。

（2）保护C屏：

1）K1：分支保护动作跳#1机10kV A段备用电源开关；

2）K2：分支保护动作跳#2机10kV A段备用电源开关；

3）K3：分支保护动作跳#1机10kV B段备用电源开关；

4）K4：分支保护动作跳#2机10kV B段备用电源开关；

5）K5、K51：非电量保护动作出口。

2．装置电源

（1）A、B屏直流电源：

1）1ZKK：直流电源1开关；

2）2ZKK：直流电源2开关；

3）3ZKK：变压器保护装置电源；

4）4ZKK：7SJ681型保护装置电源；

5）5ZKK：备用；

6）6ZKK：出口继电器电源。

（2）A、B屏交流电源：

1JKK：分支TV电压。

（3）C屏直流电源：

1）1ZKK：直流电源1开关；

2）2ZKK：直流电源2开关；

3）3ZKK：#1机10kV备用A分支7SJ681型保护装置电源；

4）4ZKK：#2机10kV备用A分支7SJ681型保护装置电源；

5）5ZKK：#1机10kV备用B分支7SJ681型保护装置电源；

6）6ZKK：#2机10kV备用B分支7SJ681型保护装置电源；

7）7ZKK：非电量保护电源；

8）8ZKK：TV切换装置电源。

9）11ZZK：启动备用变压器高压侧电源开关控制电源1；

10）12ZZK：启动备用变压器高压侧电源开关控制电源2。

（4）C屏交流电源：

1）1JKK：#1机10kV A段备用分支TV电压；

2）2JKK：#2机10kV A段备用分支TV电压；

3）3JKK：#1机10kV B段备用分支TV电压；

4）4JKK：#2机10kV B段备用分支TV电压。

3．启动备用变压器非电量保护

（1）启动备用变压器本体瓦斯保护：作为启动备用变压器内部故障的主要保护。

1）启动备用变压器本体重瓦斯保护，瞬时动作于高压侧及低压侧各备用分支开关跳闸，重瓦斯保护能切换至信号。

2）启动备用变压器本体轻瓦斯保护，动作于信号。

（2）启动备用变压器分接开关瓦斯保护：作为启动备用变压器有载调压内部故障的主要保护。启动备用变压器分接开关重瓦斯保护，瞬时动作于高压侧及低压侧各备用分支开关跳闸，重瓦斯保护能切换至信号。轻瓦斯动作于信号。

（3）启动备用变压器油面温度保护：温度高动作于信号；温度高高动作于高压侧及低压侧各备用分支开关跳闸或切换至信号。

（4）启动备用变压器绕组温度保护：温度高动作于信号；温度高高动作于高压侧及低压侧各备用分支开关跳闸，并可切换至信号。

（5）启动备用变压器压力释放保护：当变压器内部故障引起的内部压力异常升高时，保护动作于高压侧及低压侧各备用分支开关跳闸，并能切换至信号。

（6）启动备用变压器分接开关压力释放保护：保护动作于高压侧及低压侧各备用分支开关跳闸，并能切换至信号。

（7）启动备用变压器启动风冷：启动备用变压器通风由高压侧B相电流启动，延时出口启动通风，启动通风接点能接至强电回路。

（8）启动备用变压器冷却系统故障保护：启动备用变压器冷却系统故障分两段，t1延时动作于信号；经"启动备用变压器油温高"闭锁，t2延时动作于高压侧及低压侧各备用分支开关跳闸。

（9）启动备用变压器油位：动作于信号。

（10）启动备用变压器分接开关油位：动作于信号。

启动备用变压器保护 正常运行维护项目：

（1）启动备用变压器保护A、B、C屏直流电源开关皆在合位。

（2）启动备用变压器保护 A、B、C屏现场实际压板投退与图一致。

（3）启动备用变压器保护A、B屏7UT68型微机保护装置"运行"指示灯亮，无异常故障报警。

（4）启动备用变压器保护A、B屏7SJ62型微机保护装置"RUN"指示灯亮，无异常故障报警。

（5）启动备用变压器保护C屏操作箱指示灯显示正常，无异常故障报警。

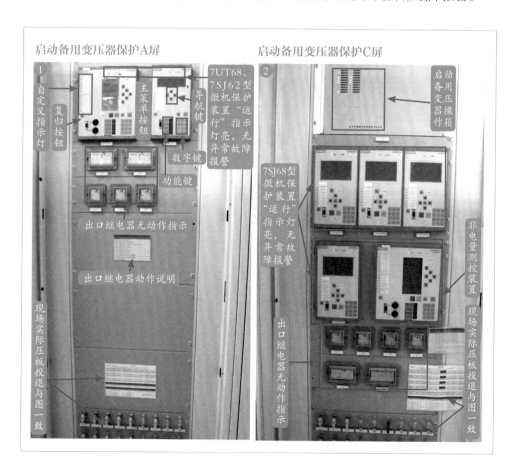

235

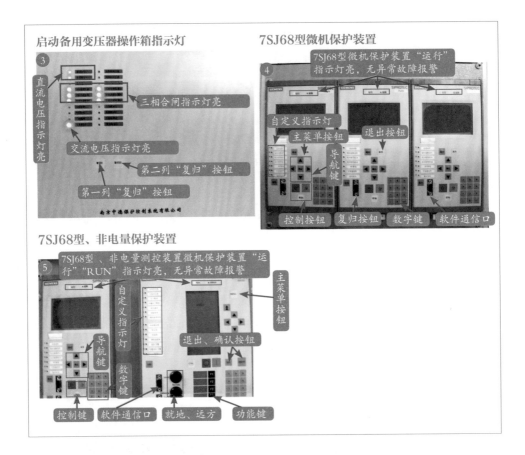

启动备用变压器操作箱指示灯

③

直流电压指示灯亮

三相合闸指示灯亮

交流电压指示灯亮

第二列"复归"按钮

第一列"复归"按钮

南京中德保护控制系统有限公司

7SJ68型微机保护装置

7SJ68型微机保护装置"运行"指示灯亮，无异常故障报警

④

自定义指示灯

主菜单按钮

退出按钮

导航键

控制按钮　复归按钮　数字键　软件通信口

7SJ68型、非电量保护装置

⑤

7SJ68型、非电量测控装置微机保护装置"运行""RUN"指示灯亮，无异常故障报警

自定义指示灯

主菜单按钮

导航键

退出、确认按钮

数字键

控制键　软件通信口　就地、远方　功能键

（6）启动备用变压器保护C屏采用四套7SJ68型微机保护装置"运行"指示灯亮，无异常故障报警。

（7）启动备用变压器非电量测控制置"RUN"指示灯亮，无异常报警信号。

（8）启动备用变压器保护（A、B、C）出口继电器无异常动作指示。

第15章

安全自动装置

电力系统安全自动装置反映电力系统及其部件运行异常，并能自动控制其在尽可能短的时间内恢复到正常运行状态的控制装置及系统。

15.1 网络通信接口

网控继电室网络通信接口柜采用NSC同步时钟、NSP20 PT切换（并列）装置以及NSC2200通信及数据出力装置。

NSC同步时钟可完成对GPS信号、北斗信号、时间同步网信号的接收，时钟源根据优先级自动切换；支持双机互备，可组成授时系统或进行接口扩充；包括所有常用授时方式，且设置灵活多变；采用汉显液晶显示；采用交直流两用电源，ZSC同步时钟源可同时接收GPS信号、北斗信号、IRIG-B码信号三种时钟源，三种时钟源可单独投退，可设置优先级、可任意组合。NSC同步时钟采用静态空接点方式输出秒脉冲（1PPS）、分脉冲（1PPM）、时脉冲（1PPH），每个端口输出方式可通过软件设置，目前端口输出方式为秒脉冲（1PPS）。

NSP20 PT切换（并列）装置由两组PT分别退出回路、PT并列回路及电源监视回路构成，能同时进行3组（扩充为4组）电压切换。正常运行时两条母线的PT分别供给各自的二次电压，不允许并列运行。当母联断路器及两侧隔离开关均处于合闸位置，并且有一组PT的隔离开关断开，才允许两组PT电压并列运行。

NSC2200装置在硬件上，利用工业级嵌入式CPU，提供8个以太网通信接口，18个串口的强大支持，在软件上采用Microsoft Windows XP Emebedded嵌入式多任务操作系统和高效率的C++编程语言，可以很好地满足用户要求，保证长时间免维护运行。NSC2200提供可靠的交、直流两用电源，供用户使用。NSC2200还提供必要的LED灯指示，显示装置的通信状态。

网络通信接口正常运行维护项目：

（1）NSC20同步时钟"POWER"指示绿灯亮，端口数出秒脉冲（1PPS）秒闪烁。

（2）NSP20 PT切换（并列）装置，正常运行时切换开关切至"解列"位置，不允许并列运行。当母联断路器及两侧隔离开关均处于合闸位置，并且有一组PT的隔离开关断开，才允许两组PT电压并列运行。

（3）NSC2200装置"RESET"按钮：按下"RESET"按键，系统热启动。该复位键为隐藏式设计，需使用直径小于3mm、长度大于10mm的物体，插入复位键孔内，插入长度4mm左右，即可按下复位按键，使系统热启动。

（4）NSC2200装置设备电源指示灯：当+5VDC电源有效时，绿色指示灯亮，反之亦然。

（5）NSC2200装置串口通信TX/RX状态指示灯：串口通信TX/RX状态指示灯包括18个绿色指示灯，自左至右分别指示串口1至串口18的TX/RX状态，当TX/RX有数据时，相对应的灯亮，反之亦然。

（6）NSC2200装置网络通信LINK/DATA状态指示灯：网络通信LINK/DATA状态指示灯包括6个绿色指示灯，自左至右分别指示串口1至串口6的LINK/DATA状态。

（7）NSC2200装置HDD指示灯：HDD指示灯显示HDD设备的工作状态，当HDD设备有读写操作时，HDD指示灯亮，反之亦然。

（8）NSC2200装置网络通信FX状态指示灯：网络通信FX状态指示灯包括8个绿色指示灯，自左至右分别指示串口1至串口8的FX状态。

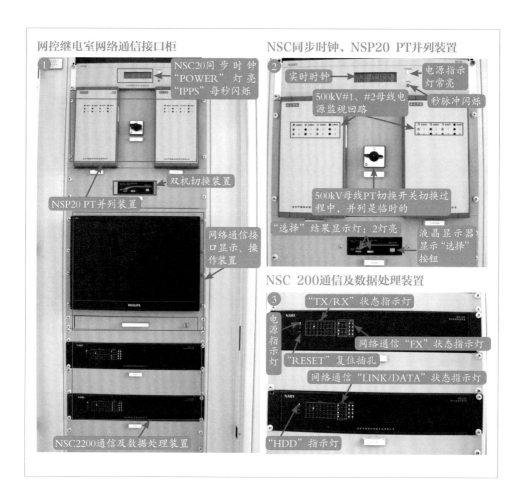

网控继电室网络通信接口柜

NSC同步时钟、NSP20 PT并列装置

① NSC20同步时钟"POWER"灯亮"IPPS"每秒闪烁

双机切换装置

NSP20 PT并列装置

网络通信接口显示、操作装置

NSC2200通信及数据处理装置

② 实时时钟

电源指示灯常亮

500kV#1、#2母线电源监视回路

秒脉冲闪烁

500kV母线PT切换开关切换过程中，并列是临时的

"选择"结果显示灯：2灯亮

液晶显示器显示"选择"按钮

NSC 200通信及数据处理装置

③ "TX/RX"状态指示灯

电源指示灯

网络通信"FX"状态指示灯

"RESET"复位插孔

网络通信"LINK/DATA"状态指示灯

"HDD"指示灯

15.2 行波测距装置

　　行波测距装置可以精确定位线路故障点。山东省电网目前使用两种不同型号的行波测距装置，即WFL-2010型行波测距装置和XC-21型行波测距装置。上述装置均利用行波在输电线路上固定的传播速度这一特点，采用小波变换技术，实时分析处理故障录波数据，确定故障距离。

　　XC-2000行波测距屏为定型配置屏，具有当地主站功能，由GPS同步时钟装置、XC-21装置、工控机、显示及打印部分组成，最多可测量8条线路。

　　GPS同步时钟装置：用于接收GPS卫星信号，分别通过串口报文及秒脉冲向

XC-21装置提供标准时钟。

YJD-3000A时钟同步监测单元（TMU）采用模块化结构设计，可以通过多种接口板接入现场的各种不同的对时信号，同时该装置以网络方式通过数据网与中心端核心时钟建立时间同步关系，获得精确时间。YJD-2000卫星同步时钟面板/YJD-3000A卫星同步面板皆由VFD点阵液晶显示屏，3个运行指示灯，25键键盘操作区及网络通信参数设置口等几部分组成。XC-21装置：由中央处理器（CPU）、四块高速数据单元（DAU）、GPS接口单元、一块I/O板及电源板等组成。

中央处理器单元是XC-21装置的核心，完成定值整定、系统参数输入、形成故障数据文件、协调各个子板工作、实现机间通信、显示和键盘控制等功能。

调制解调器（MODEM）是一种计算机硬件，能把计算机的数字信号翻译成可沿普通电话线传送的模拟信号，而这些模拟信号又可被线路另一端的另一个调制解调器接收，并译成计算机可懂的语言。

高速数据单元（DAU）实现故障检测，行波故障数据的采集、记录和处理，并把采集到的数据传送给中央处理器。

GPS接口单元接收GPS提供的串口报文及秒脉冲信号，并传给中央处理单元，为故障初始时刻贴上时间标签，用于实现双端行波测距并作为事故后故障分析的时间依据。

I/O接口单元分别提供两路输入和输出接点，输入接点一般情况下可不接入，两路输出接点用作装置启动信号和装置异常信号，也可用于启动光字牌。

行波测控装置正常运行维护项目：

（1）YJD-2000卫星同步时钟面板/YJD-3000A时钟同步监测单元（TMU）运行指示如下：

1）"POWER"（绿）：电源指示灯亮，上电后点亮。

2）"GPS.LOCK"（黄）：对时锁定指示，信号锁定时秒比例1∶9，信号丢失时秒比例5∶5。

3）"ERROR"（红）：故障指示灯，自检出错时点亮。

（2）XC–21行波测距装置运行指示如下：

1）GPS2000：电源指示灯亮，"IPPS"灯每秒钟闪烁一次，失步指示灯不亮。

2）XC–21行波测距装置：电源指示灯全亮，DAU板灯全亮；数码管显示当前时间：时.分.秒，应与GPS2000同步；I/O板灯应与GPS2000的"IPPS"灯同步闪烁。

3）XC–21行波测距装置有"装置启动"和"装置运行异常告警"两个输出接点，可用于启动光字牌。

（3）工控机510：电源指示灯正常运行中常亮。

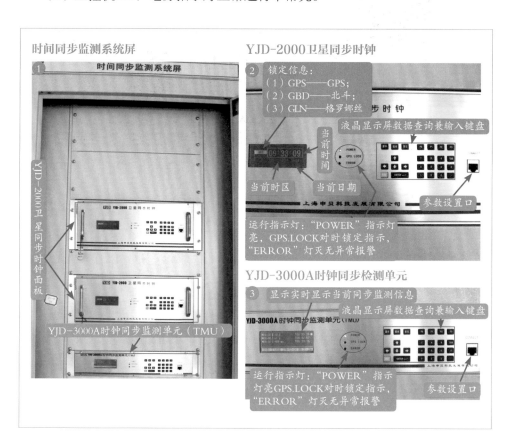

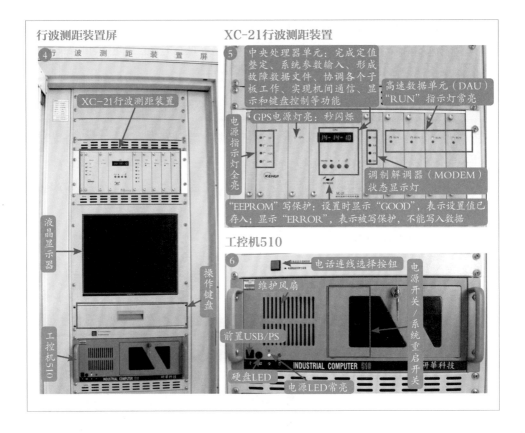

15.3 | 500kV 测控屏 ◢

　　测控装置作用：采集站内对应一次设备运行状态，包括电压、电流、位置、温度、档位，可保存并经通信实时上送至监控后台，并且监控下传的遥控或遥调命令，在进行开关刀闸操作时，投入相应的遥控出口压板，执行遥控操作，分合对应的开关刀闸，执行操作完毕后退出其遥控出口压板。

　　一期超产临界百万机组500kV母线测控屏装配于网控继电保护室，其中主要包括四个测控屏，分别为500kV母线及公用测控屏、500kV主变压器启动备用变压器测控屏、500kV莱光Ⅰ线及母联测控屏以及500kV莱光Ⅱ线测控屏。

　　500kV母线及公用测控屏（Ⅰ、Ⅱ母线TV开关刀闸测量保护装置）由Ⅰ母（TV）测控装置、Ⅱ母（TV）测控装置、公用测控装置、置检修开关、解除联锁开关及母线TV刀闸遥控出口压板组成。测控屏中Ⅰ母（TV）测控装置与Ⅱ母（TV）测控装置完全一致。

500kV主变压器启动备用变压器测控屏（#1主变压器、#2主变压器与启动备用变压器至500kV母线开关刀闸测量保护装置）由#1主变压器测控装置、#2主变压器测控装置、启动备用变压器测控装置、置检修开关、解除联锁开关、同期投退开关、控制开关、切换开关及#1主变压器、#2主变压器与启动备用变压器至500kV母线开关刀闸遥控出口压板组成。

500kV莱光Ⅰ线及母联测控屏（Ⅰ、Ⅱ母线出线至莱光Ⅰ线开关刀闸测量保护装置）由1#线路测控装置1、1#线路测控装置2、母联测控屏、置检修开关、解除联锁开关、同期投退开关、控制开关、切换开关及Ⅰ、Ⅱ母线出线至莱光Ⅰ线与母联开关刀闸遥控出口压板组成。

500kV莱光Ⅱ线测控屏（Ⅰ、Ⅱ母线出线至莱光Ⅱ线开关刀闸测量保护装置）由2#线路测控装置1、2#线路测控装置2、置检修开关、解除联锁开关、同期投退开关、控制开关、切换开关及Ⅰ、Ⅱ母线出线至莱光Ⅱ线开关刀闸遥控出口压板组成。500kV莱光Ⅰ线及母联测控屏、500kV莱光Ⅱ线测控屏各测控装置及控制小开关与500kV主变压器启动备用变压器测控屏基本相同，下面就不再做图文说明。

500kV测控屏正常运行维护项目：

（1）500kV母线及公用测控屏。

1）Ⅰ/Ⅱ母（TV）测控装置运行监视：

a. Ⅰ/Ⅱ母（TV）测控装置各开关指示灯与现场实际、DCS显示一致，无异常报警指示。

b. Ⅰ/Ⅱ母（TV）测控装置"RUN"指示灯常亮，"ERROR"指示灯常灭。

c. Ⅰ/Ⅱ母（TV）测控装置置检修开关切至运行，解除联锁开关切至联锁。

2）公用测控装置运行监视：

a. 公用测控装置自定义指示灯显示正常，无异常报警信号。

b. 公用测控装置置检修开关切至运行，解除联锁开关切至联锁。

（2）500kV主变压器启动备用变压器测控屏。

1）#1/#2主变压器测控装置运行监视：

a. #1/#2主变压器测控装置各开关指示灯与现场实际、DCS显示一致，无异常报警指示。

b. #1/#2主变压器测控装置"RUN"指示灯常亮，"ERROR"指示灯常灭。

c. #1/#2主变压器测控装置置检修开关切至运行，解除联锁开关切至联锁，同期投退切至退出，控制开关切至预合/合后，切换开关切至远方。

2）启动备用变压器测控装置运行监视：

a. 启动备用变压器测控装置各开关指示灯与现场实际、DCS显示一致，无异常报警指示。

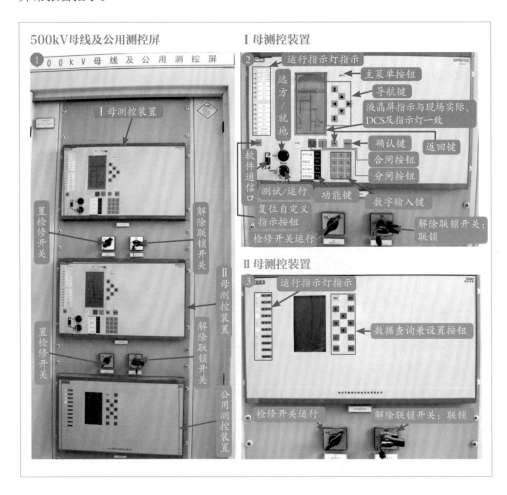

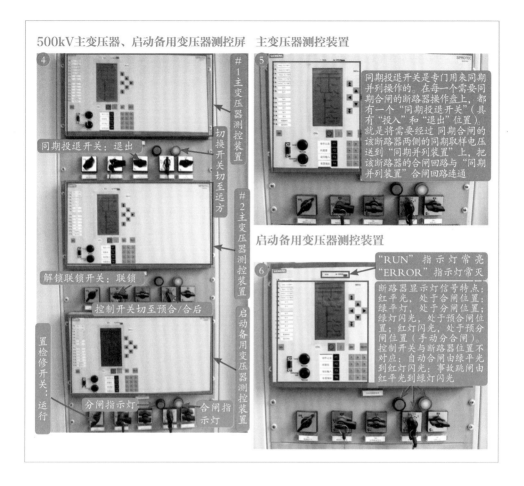

b. 启动备用变压器测控装置 "RUN" 指示灯常亮，"ERROR" 指示灯常灭。

c. 启动备用变压器测控装置置检修开关切至运行，解除联锁开关切至联锁，同期投退切至退出，控制开关切至预合/合后，切换开关切至远方。

15.4 厂用电快切及故障录波装置

一期工程主厂房10kV以及脱硫10kV母线采用WBKQ01B型微机厂用电快速切换装置。

微机型备用电源快速切换装置是专门为解决常用电的安全运行而研制的，采用该装置后可避免备用电源电压与母线残压在相角、频率相差过大时合闸而对电机造成冲击，如失去快速切换的机会，则装置自动转为同期判别或判残压及长延时的慢速切换，同时在电压跌落过程中，可按延时甩去部分非重要负荷，以利于重要辅机的自启动，提高厂用电切换的成功率。

作为"电力系统黑匣子"的故障录波器，起到了记录保护与安全自动装置的动作顺序，再现系统故障和异常运行时各参量的变化过程，评价继电保护动作行为，分析故障和异常运行的作用。

故障录波系统是继电保护的重要组成部分，它的作用就是在电力系统发生故障时，通过故障量的启动，记录下故障前后一段时间内电气量与非电气量的变化过程，并生成录波文件，以达到协助故障追忆分析的目的。

故障录波系统的工作原理是在正常运行中，故障录波装置时时对接入的模拟电气量（电压、电流、功率）进行采集，当故障发生时，根据预先的定值，故障录波器动作记录下的故障前后3s内模拟电气量及开关量数据，并生成故障录波文件。

厂用电快切及故障录波装置正常运行维护项目：

（1）WBKQ01B型微机厂用电快速切换装置：

1）运行、工作：装置上电正常运行，"运行""工作"指示灯亮。

2）低压：即目标电源低压，工作电源投入时，备用电源为目标电源；备用电源投入时，工作电源为目标电源。当目标电源电压低于所整定值时，装置将发目标电源低压信号，面板低压灯亮。

3）闭锁：保护闭锁、控制台闭锁装置将自动闭锁出口回路，发装置闭锁信号，面板闭锁、"待复归"灯亮，等待人工复归。

4）断线：当厂用母线TV断线时，装置将自动闭锁低电压切换功能，发TV断线信号，面板断线，"待复归"灯亮，等待人工复归 。

5）故障：装置运行时，软件将自动对装置的重要部件如CPU、FLASH、EEPROM、AD、装置内部电源电压、继电器出口回路等进行动态自检，一旦有故障将立即报警。

6）位置异常：装置在正常运行时，将不停地对工作和备用 开关的状态进行监视，装置在正常运行时，工作、备用开关应一个在合位，另一个在分位。如检测到开关位置异常（工作开关误跳除外），装置将闭锁出口回路，发开关位置异常信号。

（2）WDGL微机电力故障录波监测装置：

1）运行：装置上电正常运行，该指示灯亮。

2）录波启动：装置启动录波，该指示灯亮，并一直保持，直到按"信号复位"键时熄灭。

3）装置异常：装置出现内部故障，如通信中断、自检异常灯，该指示灯亮，并发装置异常信号。

4）内存记录：装置启动录波，该指示灯亮，表明装置内RAM中有故障录波数据；数据输出到硬盘后，该指示灯自动熄灭。

5）越限提示：装置接入模拟量出现越限时，该指示灯亮，当越限消失后，该指示灯自动熄灭。

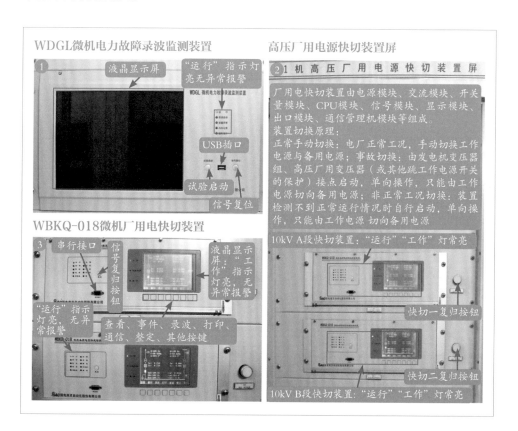

247

6）硬盘：硬盘读写指示灯，读写硬盘时，该指示灯亮。

7）试验启动：按"试验启动"按钮，手动启动录波一次。

8）信号复位：按"信号复位"按钮，复位继电器输出信号，"录波启动"和"装置异常"指示灯熄灭。

15.5 自动准同期装置

两台1000MW组均采用了SID-2CM同期装置，准同期的三个条件是压差、频差在允许值范围内、相角差为零时完成并网。

SID-2CM设置参数：断路器合闸时间、允许压差、过电压保护值、允许频差、均频控制参数、均压控制系统、允许功角、并列点两侧TV 二次电压实际额定值、系统侧TV 二次转角、同频调速脉宽、并列点两侧低压闭锁值、同频阀值、单侧无压合闸、无压空合闸、同步表功能。

同期装置简要操作步骤：

（1）DCS选择并列点并保持；

（2）若欲使同期装置做"同步表"、"单侧无压"合闸、"双侧无压"合闸操作，则DCS将相应的开入量接通并保持，若此次操作是同期操作，则跳过此步；

（3）DCS控制"同期装置上电"，其接点为点动短信号；

（4）DCS启动同期工作，其接点为点动短信号；

（5）同期装置工作并合闸；

（6）DCS控制"同期装置退电"，其接点为点动短信号；

（7）DCS退出"并列点选择"、"单侧无压"确认、"双侧无压"确认信号。

若在第2步中DCS选用"同步表"功能，这时同期装置主要作为同步表运行，在屏幕上可以显示电压、频率等实时参数，如果参数设置选择了"自动调频"和"自动调压"，还可进行调频、调压控制，但不会进行合闸控制。

中央同期继电器屏正常运行维护及SID-2CM同期装置面板说明：

（1）中央信号同期继电器屏正常运行维护：

1）同期装置切换开关："退出"位置。

2）远方7段显示码与启动备用变压器有载调压分接头位置一致。

（2）SID-2CM同期装置面板说明：

1）液晶显示器，用于显示菜单及设置参数，显示并列点代号、系统频率、系统电压、发电机频率、发电机电压、断路器合闸时间及其他信息。

2）左下方为发光管构成的同步指示器，指示待并侧与系统侧电压在并网过程中的相位差。

a. "频差/功角"及"压差"指示灯在差频并网时越上限为绿色，越下限为红色，如出现同频时频差灯也为红色，不越限时熄灭。

b. 同频并网时如果功角或压差越限，指示灯为橙色。

c. "合闸"指示灯在控制器发出合闸命令期间点亮（红色），亮时间为断路器合闸时间 I_k 的二倍。

3）面板右方有一向下可翻开的盖板，翻开盖板后可见到左面有工作方式选择开关及工作方式指示灯，用于设置控制器的三种工作方式，即"工作""测试"及"设置"方式。

a. 工作方式选择开关上方的工作（红色）、测试（绿色）、设置（黄色）指示灯分别与之对应。

b. "工作"方式用于发电机或线路并网；"测试"方式用于现场试验或对控制器本身的硬件测试；"设置"方式用于整定参数和数据查询。

c. 在工作方式选择开关上方有7个按键，左键、右键、上键、下键、确认键、退出键、复位键。左、右键用于选择待设置参数，上、下键用于选择菜单项或改变参数值，"确认"键用于选择功能或存储参数，"退出"键用于退出目前操作程序，"复位"键用于使程序复位。

d. 面板上方有8个继电器状态指示灯，用以显示相应输出控制继电器状态，降压继电器（绿色）、升压继电器（红色）、减速继电器（绿色）、加速继电器（红色）、合闸继电器（红色）、报警继电器（黄色）、合闸闭锁继电器（黄色）、功角越限继电器（黄色）。

中央信号同期继电器屏

① #1机中央信号同期继电器屏

同期装置继电器

同期装置面板：正常"退出"运行，面板无显示

同期装置切换开关

远方7段显示码

同期装置继电器

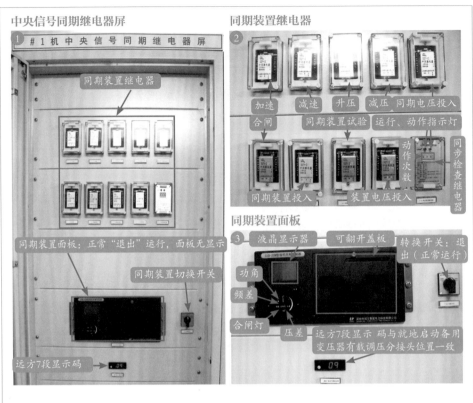

②

加速　减速　升压　减压　同期电压投入

合闸　同期装置试验　运行、动作指示灯

动作次数

同步检查继电器

同期装置投入　装置电压投入

同期装置面板

③ 液晶显示器　可翻开盖板

转换开关：退出（正常运行）

功角

频差

合闸灯

压差

远方7段显示码与就地启动备用变压器有载调压分接头位置一致

`09`

SID-2CM型微机同期控制器

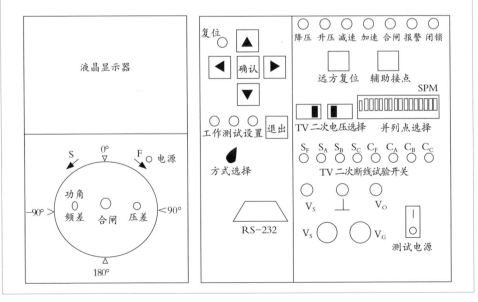

液晶显示器

复位　▲

◀　确认　▶

▼

工作测试设置　退出

方式选择

RS-232

降压　升压　减速　加速　合闸　报警　闭锁

远方复位　辅助接点　SPM

TV二次电压选择　并列点选择

S_F　S_A　S_B　S_C　C_F　C_A　C_B　C_C

TV二次断线试验开关

V_S　⊥　V_O

V_S　V_G

测试电源

S　0°　F ○电源

功角

－90°　频差　合闸　压差　＜90°

180°

第 16 章

变压器

变压器是根据电磁感应原理制造出来的电气设备，是火电厂和变电站的重要电气设备之一，在电力系统中起着传递、分配电能的重要作用。

变压器运行时，其损耗全部转换为热能，使变压器温度升高。在油浸式变压器中，损耗产生的热量线传递给油，然后通过外壳扩散到空气。

16.1 启动备用变压器

启动备用变压器为户外、三相、分裂铜绕组、有载调压变压器，变压器带三角形辅助绕组，低压侧经$60\,\Omega$电阻接地，散热器采用片式散热器。启动备用变压器冷却方式为ONAN/ONAF，配有2组冷却器，每组3台风扇，另外配置1台备用风扇；当全部风扇退出运行后，变压器在ONAN状况下可在80%额定容量连续运行。

启动备用变压器正常运行维护项目：

（1）变压器油温和油位计应正常，储油柜的油位应与温度相对应，绕组温度正常。

（2）充油部分无漏油、渗油现象，油色透明无杂质。

（3）套管油位应正常，套管清洁，无损坏及放电现象。

（4）各部接头无过热现象。

（5）气体继电器应充满油，无气体，引出线完好。

（6）声音正常，无明显变化和异音。

（7）呼吸器中的吸潮剂不应到饱和状态。

（8）冷却装置控制箱内各部元件无过热现象，所有把手位置符合运行要求。

（9）冷却风扇运行正常。

（10）有载调压装置正常，油位正常，过滤装置运行正常。

（11）有载调压分接开关分接头位置指示正确，电源指示正常。

启动备用变压器本体端子箱

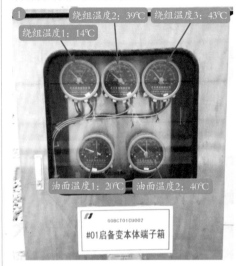

① 绕组温度2：39℃　绕组温度3：43℃
绕组温度1：14℃
油面温度1：20℃　油面温度2：40℃
00BGT01CU002
#01启备变本体端子箱

启动备用变压器有载调压再生装置

② 有载调压再生装置差压
有载调压再生装置
有载调压再生装置放油门

启动备用变压器有载调压控制箱

③ 分接头位置
00BGT01CU001
#01启备变
有载调压控制箱
呼吸器中吸潮剂
注、放油门

附加说明

（1）启动备用变压器为有载调压方式，通过MR有载调压开关，可在额定容量范围内带负荷调节。调节方式分为远方电动、就地电动、就地手动三种方法进行。

（2）正常运行时启动备用变压器采用"远方电动"或"就地电动"方式进行调压。

（3）当"远方电动"或"就地电动"调压失灵时，可以采用"就地手动"方式调压，此时应断开电动操作电源开关。

启动备用变压器有载调压控制箱内部

④
- 手动操作专用手柄 手提灯（放置位置）
- 手动操作专用手柄（操作位置）
- 分接变换指示器：一次分接操作分33格（显示当前位置）
- 分接头位置
- 电动机构静止范围
- 两个拖针表示已经到达过的电压范围
- 机械式操作计数器（电动机构）
- 升、降控制开关
- 电机回路跳闸保护开关
- 三位开关（就地、远方、自动）
- 滤油机回路跳闸保护开关
- 滤油机检测开关

启动备用变压器冷却装置控制箱上部

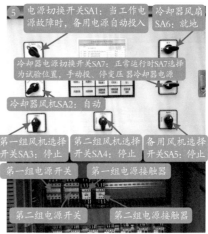

⑤
- 电源切换开关SA1：当工作电源故障时，备用电源自动投入
- 冷却器风扇SA6：就地
- 冷却器电源切换开关SA7：正常运行时SA7选择为试验位置，手动投、停变压器冷却器电源
- 冷却器风机SA2：自动
- 第一组风机选择开关SA3：停止
- 第二组风机选择开关SA4：停止
- 备用风机选择开关SA5：停止
- 第一组电源开关
- 第一组电源接触器
- 第二组电源开关
- 第二组电源接触器

启动备用变压器正面图

⑥
- 本体无渗油、异音
- 冷却风机（无杂物）
- 启动备用变压器A侧中性点接地

启动备用变压器冷却装置控制箱开关释义

⑦

序号	编号	释义
01	KV1	第一路电源监视器
02	KV2	第二路电源监视器
03	KM1	第一路电源接触器
04	KM2	第二路电源接触器
05	KF1	风机1接触器
06	KF3	风机3接触器
07	KF5	风机5接触器
08	KF2	风机2接触器
09	KF4	风机4接触器
10	KF6	风机6接触器
11	KF7	风机7接触器
12	K	冷却器自动投入中间继电器
13	K1	第一路电源带电中间继电器
14	K2	第二路电源带电中间继电器
15	K4	第一路电源失电中间继电器
16	K5	第二路电源失电中间继电器
17	K6	控制电源开关Q5、Q51跳闸监视
18	K7	第一组风机故障中间继电器
19	K8	第二组风机故障中间继电器
20	K11	风扇全停或两路电源失电报警信号继电器
21	KT1	第一路电源有电、第二路失电中间继电器
22	KT2	第二路电源有电、第一路失电中间继电器
23	KT3	冷却风机全停或两路电源失电中间继电器
24	KT4	冷却风机全停或两路电源失电延时报警继电器（20min）
25	KS1	冷却风机全停或两路电源失电延时报警继电器（60min）
26	KS2	第一组加热器控制继电器
27	KS3	第二组加热器控制继电器
		控制箱加热控制继电器

启动备用变压器电源开关正常运行方式释义

⑧

启备变冷却器电源开关正常运行方式

序号	编号	释义	正常运行方式
1	Q1	第一路电源开关	合闸
2	Q2	第二路电源开关	合闸
3	Q3	第一路控制电源开关	合闸
4	Q4	第二路控制电源开关	合闸
5	Q5	散热器手动或自动控制回路电源开关	合闸
6	Q6	控制箱照明加热器电源	合闸
7	QD	直流信号电源开关	合闸
8	QP	电流继电器辅助电源	合闸
9	Q	启备变端子箱加热器电源开关	合闸
10	QF1	风机1电源开关	合闸
11	QF3	风机3电源开关	合闸
12	QF5	风机5电源开关	合闸
13	QF7	风机7电源开关	合闸
14	QF2	风机2电源开关	合闸
15	QF4	风机4电源开关	合闸
16	QF6	风机6电源开关	合闸

启动备用变压器冷却装置控制箱下部

253

启动备用变压器气体继电器

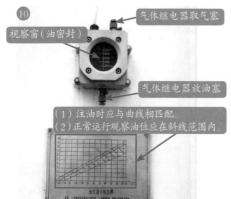

⑩

气体继电器取气塞

视察窗（油密封）

气体继电器放油塞

（1）注油时应与曲线相匹配。
（2）正常运行观察油位应在斜线范围内。

启动备用变压器侧面

⑪

有载调压油位
定期抄录表

片式散热器

启动备用变压器上部

⑫

变压器油位

本体无漏油、
渗油且无异音

片式散热器

套管油位

⑬

套管油位

套管清洁，无损
坏及放电现象

启动备用变压器高压侧避雷器动作次数

⑭

避雷器动作字数
定期抄录

16.2 | 主变压器

主变压器为单相、户外、油浸式变压器，高压侧装有无载调压分接头，散热器采用片式散热器。

高压侧装有无载调压分接头，额定电压为（525/√3 +2×2.5%）/27kV。主变压器冷却方式为ONAN/ONAF/ODAF，每相设有2台油泵、2组风扇，第一组设有6台风扇，第二组设有5台风扇，另外配置1台备用风扇。

主变压器采用分相变压器，每台机组设3台单相变压器，高压绕组按"Y"连接，高压侧中性点应通过安装在变压器顶盖上的套管引出由母线连接后直接接地，低压绕组按"△"用封闭母线连接。

变压器满载运行时，当切除全部风机和油泵后，允许继续运行时间30min，当油面温度未达到75℃时，允许上升到75℃。变压器在ONAF状况下可在80%额定容量连续运行，变压器在ONAN状况下可在60%额定容量连续运行。

主变压器正常运行维护项目：

（1）变压器油温和油位计应正常，储油柜的油位应与温度相对应，绕组温

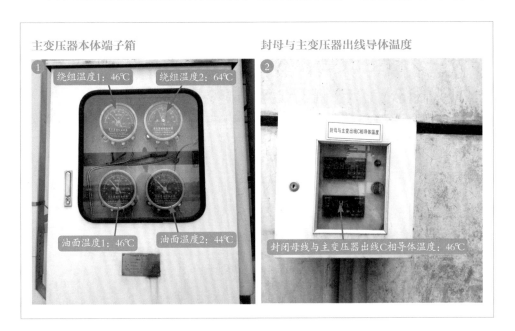

主变压器本体端子箱　　　　　　　封母与主变压器出线导体温度

绕组温度1：46℃　　绕组温度2：64℃

油面温度1：46℃　　油面温度2：44℃

封闭母线与主变压器出线C相导体温度：46℃

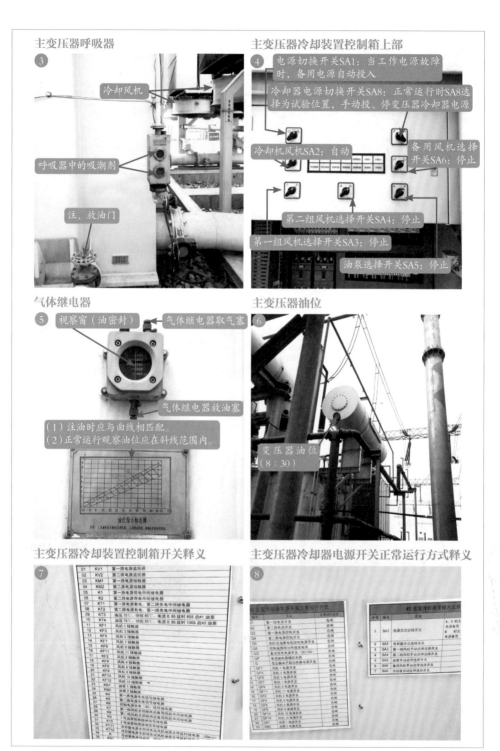

主变压器呼吸器

③

- 冷却风机
- 呼吸器中的吸潮剂
- 注、放油门

主变压器冷却装置控制箱上部

④

电源切换开关SA1：当工作电源故障时，备用电源自动投入

冷却器电源切换开关SA8：正常运行时SA8选择为试验位置，手动投、停变压器冷却器电源

冷却机风机SA2：自动

备用风机选择开关SA6：停止

第二组风机选择开关SA4：停止

第一组风机选择开关SA3：停止

油泵选择开关SA5：停止

气体继电器

⑤

- 视察窗（油密封）
- 气体继电器取气塞
- 气体继电器放油塞

（1）注油时应与曲线相匹配。
（2）正常运行观察油位应在斜线范围内。

主变压器油位

⑥

变压器油位
（8：30）

主变压器冷却装置控制箱开关释义

⑦

主变压器冷却器电源开关正常运行方式释义

⑧

主变压器冷却装置控制箱下部　主变压器油泵

主变压器油泵

主变压器高压侧避雷器动作次数

避雷器动作次数

度正常。

　　（2）充油部分无漏油、渗油现象，油色透明无杂质。

　　（3）套管油位应正常，套管清洁，无损坏及放电现象。

　　（4）各部接头无过热现象。

　　（5）声音正常，无明显变化和异音。

　　（6）气体继电器应充满油，无气体，引出线完好。

　　（7）呼吸器中的吸潮剂不应到饱和状态。

　　（8）冷却装置控制箱内各部元件无过热现象，所有把手位置符合运行要求。

　　（9）油泵和风扇运行正常，主变压器冷却器油流指示器指示正常。

16.3　干式变压器

　　干式变压器广泛用于局部照明、高层建筑、机场、码头等场所，简单地说干式变压器是指铁芯和绕组不浸渍在绝缘油中的变压器。冷却方式分为自然空气冷却（AN）和强迫空气冷却（AF）。自然空冷时，变压器可在额定容量下长期连续运行。强迫风冷时，变压器输出容量可提高50%。适用于断续过负荷运行，或应急事故过负荷运行。由于过负荷时负载损耗和阻抗电压增幅较大，处于非经济运行状态，故不应使其处于长时间连续过负荷运行。

低压厂用变压器成对布置、互为备用，低压厂用电压为380V，低压厂用电采用中性点直接接地方式。低压厂用电系统采用暗备用PC-MCC供电方式，对接有单台Ⅰ、Ⅱ类负荷的MCC采用双电源供电。全厂所有户内布置的低压变压器均采用干式变压器。每台机设2台2000kVA汽轮机变压器，2台1600kVA锅炉变压器，为汽轮机MCC和锅炉MCC等机组低压负荷供电。二段380V互为备用，两段间的分段断路器不设自动投入装置。

两台机共设2台2000kVA低压公用变压器，为主厂变暖通负荷、化学负荷、

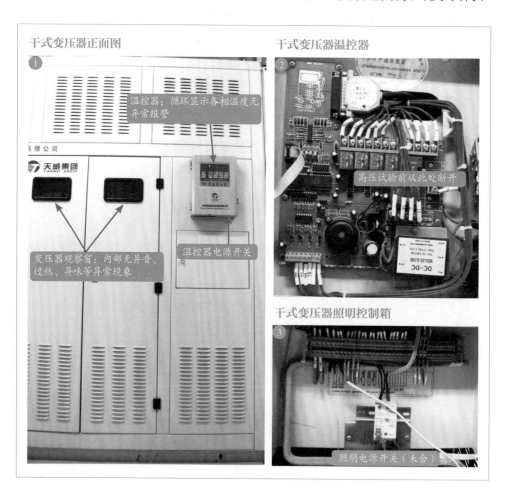

干式变压器正面图

① 温控器：循环显示各相温度无异常报警

变压器观察窗：内部无异音、过热、异味等异常现象

温控器电源开关

干式变压器温控器

② 高压试验前从此处断开

干式变压器照明控制箱

③ 照明电源开关（未合）

干式变压器正面内部图

干式变压器后柜门

煤仓间负荷等公用负荷供电。二段380V互为备用，两段间的分段断路器不设自动投入装置。

每台机分别设1台照明变及检修变，容量均为630kVA，检修变压器为照明变压器提供备用电源。

干式变压器正常运行维护项目：

（1）变压器绕组温度正常，冷却风扇工作正常。

（2）变压器本体无异物、异音、异味、异常振动。

（3）各控制箱和二次端子箱关闭严密。

（4）变压器各部接头无过热变色现象。

（5）变压器本体各柜门关闭严密。

（6）变压器绕组温度就地指示与远方指示一致。

附录 10kV真空开关故障处理流程

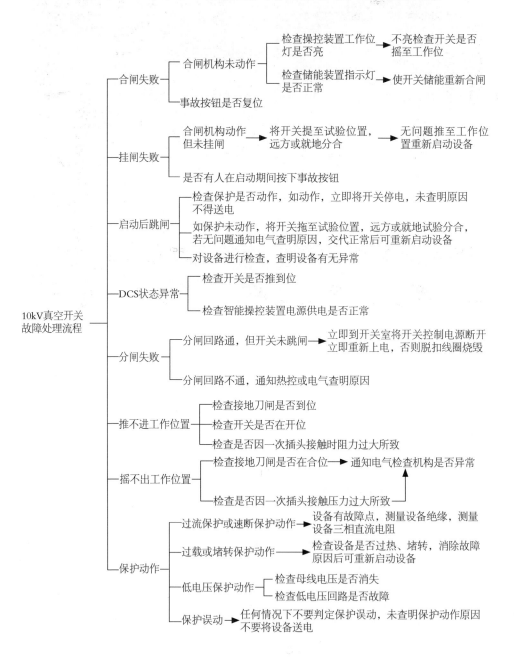

华电莱州发电有限公司简介

　　华电莱州发电有限公司成立于2010年8月，由华电国际和山东国际信托按照75%和25%的比例合资成立。项目规划容量6×1000MW，一期工程建设两台百万千瓦级国产超超临界燃煤机组，配套建设两个3.5万吨级通用泊位，两台机组分别于2012年11月4日和12月6日投产发电，是山东省和华电集团公司首个以百万机组起步的电港一体大型能源基地项目，三大主机均由东方电气集团生产，一期工程年发电量120亿kWh，年产值突破40亿元。

　　一期工程投产后各项经济技术指标均居国内同类型机组先进水平，因其先进的指标、优良的质量，荣膺国家级最高工程质量奖"国家优质工程金奖"。连续两年获得"全国大机组竞赛一等奖"，连续三年获得华电集团公司"标杆机组"。该公司荣获"中国美丽电厂"唯一环境美称号、山东省"富民兴鲁劳动奖状"、"山东省文明单位"、集团公司"五星级发电企业"、集团公司"先进企业"等荣誉称号。莱州二期2×1000MW机组工程于2015年9月获得核准，比肩国际一流水准，集"智能照明、智能吹灰、数字煤场、烟气深度余热利用"等尖端科技于一体，致力建设全国首家智能操控的智慧化电厂，2016年3月开工建设，计划2018年投产发电。届时，一座年发电量240亿kWh的生态型、智慧化、景观式的发电企业，将巍然屹立在渤海之滨。

中国华电 CHD
华电莱州发电有限公司

智慧·生态·美丽